大数据与人工智能技术丛书

人工智能安全

◎ 曾剑平 编著

清华大学出版社

北京

内 容 简 介

本书对人工智能安全的理论与实践技术进行了梳理,全面完整地覆盖了人工智能安全技术的主要方面,把相关知识体系划分为五部分,即人工智能的安全观、人工智能安全的数据处理、人工智能用于网络安全的攻击与防御、人工智能模型的对抗攻击与防御以及人工智能平台的安全与工具。第一部分对人工智能安全问题、基本属性、技术体系等进行了归纳梳理。第二部分介绍人工智能安全数据处理的三个主要方法,即非平衡数据分类、噪声数据处理和小样本学习方法。第三部分从人工智能技术赋能网络空间安全的攻击与防御问题角度出发,从三个典型实例及攻击图的角度介绍典型人工智能方法在攻击与防御中的应用。第四部分围绕机器学习模型的安全问题,对攻击者、对抗攻击的理论与方法、典型的对抗攻击方法、隐私安全、聚类模型的攻击以及对抗攻击的防御方法进行了梳理。第五部分介绍人工智能平台的安全与工具,以及基于阿里云天池 AI 学习平台的若干案例与实验。

本书可以作为高等院校网络空间安全、人工智能、大数据、计算机以及电子信息等相关专业研究生和高年级本科生的教材,也可以作为网络空间安全、人工智能安全、大数据、计算机等领域研究人员、专业技术人员和管理人员的参考书。

图书在版编目(CIP)数据

人工智能安全/曾剑平编著.—北京:清华大学出版社,2022.8
(大数据与人工智能技术丛书)
ISBN 978-7-302-61150-9

Ⅰ. ①人… Ⅱ. ①曾… Ⅲ. ①人工智能－安全技术 Ⅳ. ①TP18

中国版本图书馆 CIP 数据核字(2022)第 110338 号

责任编辑:贾 斌
封面设计:刘 键
责任校对:郝美丽
责任印制:宋 林

出版发行:清华大学出版社
      网   址:http://www.tup.com.cn, http://www.wqbook.com
      地   址:北京清华大学学研大厦 A 座   邮   编:100084
      社 总 机:010-83470000   邮   购:010-62786544
      投稿与读者服务:010-62776969, c-service@tup.tsinghua.edu.cn
      质量反馈:010-62772015, zhiliang@tup.tsinghua.edu.cn
      课件下载:http://www.tup.com.cn,010-83470236
印 装 者:三河市天利华印刷装订有限公司
经   销:全国新华书店
开   本:185mm×260mm   印   张:14.5   字   数:335 千字
版   次:2022 年 8 月第 1 版   印   次:2022 年 8 月第 1 次印刷
印   数:1~2000
定   价:59.00 元

产品编号:095551-01

前　言

近年来,人工智能理论与技术无论在学术研究还是在实际应用中,都得到了广泛关注,成为当今信息科技的发展潮流。但同时,诸如自动驾驶、客服机器人等人工智能应用中发生了一系列安全事件,引发了人们对人工智能应用前景的担忧。由此,人工智能安全被提上重要议程,学术界加快了人工智能安全理论与实践的研究步伐。从学科发展的角度看,人工智能和网络空间安全存在密切的联系。一方面,人工智能理论和技术有效地提升了网络空间安全攻击与防御的智能化水平;另一方面,人工智能模型应用越来越多地被发现存在漏洞和安全风险,并成为网络空间安全的新问题。人工智能安全则是这两个学科方向发展和交叉的必然结果。

在教育部-阿里云产学合作协同育人项目的支持下,本书结合大数据驱动的人工智能发展背景,对人工智能安全的理论与实践技术进行了全面梳理。从人工智能的安全观、人工智能安全的数据处理、人工智能用于网络安全的攻击与防御、人工智能模型的对抗攻击与防御以及人工智能平台的安全与工具五个角度,建立人工智能安全的完整知识体系。

本书作为一本产学兼顾的教材,具有如下特色:

(1)围绕大数据驱动的人工智能发展背景,充分考虑数据在人工智能中的重要性,提炼出人工智能安全的数据主线。把网络空间安全智能防御的数据处理、人工智能模型训练阶段的数据安全、推理阶段的数据安全以及数据角度的防御技术,作为知识体系的主干。

(2)从安全观的角度来组织人工智能安全的知识体系。人工智能安全是人工智能和网络空间安全的交叉学科,网络空间安全的基本特征和规律对于人工智能安全仍然适用。这种知识体系安排充分考虑了两个学科方向的内在联系,有利于读者更深刻地理解人工智能安全。

(3)既注重人工智能安全的相关理论,也强调人工智能安全实践技术。一方面,围绕人工智能安全模型和算法,介绍了相关数学和对抗攻击的基础理论;另一方面,基于阿里云天池实验室构建了十个实践案例,极大方便了读者进行在线实验,并理解人工智能安全技术的实际运用。

本书共分五部分,第一部分对人工智能安全问题、基本属性、技术体系等进行了归纳梳理。第二部分着重介绍人工智能安全数据处理的三个重要方法,即非平衡数据分类、噪声数据处理和小样本学习方法。第三部分从人工智能技术用于解决网络空间安全的攻击与防御问题角度,以网络入侵检测、SQL 注入检测、虚假新闻检测为例介绍人工智能方法的应用,从攻击图的角度介绍典型人工智能方法在攻击与防御中的应用。第四部分围绕机器学习模型的安全问题,对攻击者、对抗攻击的理论与方法、典型的对抗攻击方法、隐私安全、聚类模型的攻击以及对抗攻击的防御方法进行了梳理。第五部分介绍机器学习平台的安全和基于阿里云天池 AI 学习平台的若干案例与实验。这五部分所构成的人工智能安全知识体系如下图所示。

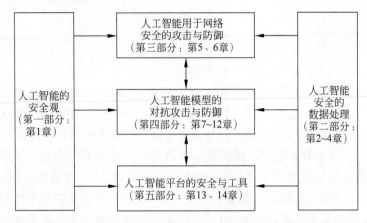

本书作者及其科研团队十多年来一直从事网络空间安全、人工智能和大数据技术相关科研和教学工作。在包括国家自然科学基金项目在内的各类科研项目支持下,对网络空间安全防御、互联网内容安全、机器学习模型算法及应用做了大量研究,积累了一定的经验。此外,作者从 2011 年开始先后为复旦大学信息安全专业的本科生、研究生开设了"信息内容安全""大数据安全"等课程,经过多年的教学实践,累积了丰富的教学资源。

全书由曾剑平负责内容安排、编写和统稿,由人工智能安全理论和技术的研究人员参与编写。王从一、肖杨、柴颖、朱哲元、段江娇编写并验证了本书的案例。吴爽和陈彦羽参与了第 6 章的编写。曾睿对全书进行了校对。在本书编写过程中,得到了阿里云计算有限公司多名技术专家的大力支持,在产学合作教材编写项目申请、立项、跟踪、结题以及应用案例构建方面给予了很多帮助和指导。此外,在教材编写过程中,参考和引用了许多论文、技术报告,均已在参考文献中列出。在此,一并表示衷心的感谢。

由于时间仓促和作者的学识水平限制,并且人工智能安全技术仍在快速发展中,诸多问题逐渐暴露,书中难免存在不足和疏漏,恳请读者不吝批评指正,以利于再版时修订完善。

读者可关注微信公众号 IntBigData(互联网大数据处理技术与应用),订阅与本书相关的文章,并与作者互动。

作 者

2022 年 3 月

目　录

第一部分　人工智能的安全观

第二部分　人工智能安全的数据处理

第四部分 人工智能模型的对抗攻击与防御

第五部分 人工智能平台的安全与工具

第一部分
人工智能的安全观

第 **1** 章

人工智能安全概述

本章从安全的视角梳理了人工智能安全的若干基础问题,包括人工智能与网络空间安全的联系、人工智能的脆弱性、人工智能安全的基本属性、人工智能安全的技术体系与数学基础、人工智能安全的发展趋势等。

1.1 什么是人工智能安全

随着人工智能、大数据、云计算等技术的快速发展和应用,人工智能安全已经成为当前许多领域关注的重要问题。正确理解人工智能安全的概念,对于掌握人工智能安全技术体系和引领技术发展趋势具有重要意义,对于改善人工智能应用的安全性设计有重要指导作用。

什么是人工智能安全?目前并没有统一的定义。正如字面上所表达的含义,人工智能安全是人工智能与网络空间安全的交叉学科。两个学科已经分别建立了深厚的理论和技术体系,而进一步看清这两个学科的交叉点及交叉的逻辑联系,则是理解人工智能安全的关键。下面从攻击与防御、知识与模型、漏洞与利用三个角度来深入探讨这种逻辑联系。

1. 攻击与防御

网络空间安全针对各种网络空间信息在产生、传输、使用、存储处理过程中的安全防护,包含网络系统安全、数据安全、内容安全、行为安全和安全管理。理解网络空间安全的一个重要维度是参与者,即攻击者与防御者。二者之间存在典型的"道高一尺,魔高一丈"的关系,因此他们永远都迫切需要更先进的技术来应对对方的攻击或防御行为。而人工智能具备自动推理、分析识别等能力,是攻击者与防御者强有力的新技术。由此,可以引出人工智能与网络空间安全的重要结合点,即人工智能用于网络空间攻击与防御。其中,人工智能技术用于安全防御,是从防御者的角度出发,试图引入人工智能新技术来加强网络空间安全[1]。而人工智能技术用于攻击各类网络空间,是从攻击者的角度来看待,引入人工智能方法的目的在于提升攻击效率和效果。

2. 知识与模型

下面可以借助知识层次来理解人工智能安全。如图 1-1 所示,知识的表示、分析挖掘

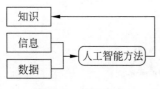

图 1-1 知识层次

是人工智能的核心,相比于信息和数据,知识位于更高的层次,而这种层次差异体现在知识的语义特征方面。知识具备更强的蕴含表达能力,由此更容易导致一些更广泛意义上的网络空间安全问题。此类安全问题主要发生在内容语义层面,涉及伦理道德、隐私性、健康性、公平正义等。微软在线机器人 Tay 发表偏激言论、人脸识别的滥用、大数据“杀熟”、个人信息的过度索取、算法对物流配送员的控制、推荐算法推荐没有价值的低俗内容等现实安全问题,都是内容语义层面所表现出来的问题。随着人工智能在网络空间中应用的推广,这些广泛意义上的安全将影响我们生活的方方面面,因此,迫切需要建立可信、可靠的人工智能,人工智能模型安全则是其中的核心,必然成为网络空间安全的新问题。

3. 漏洞与利用

不论哪种形式的安全问题,其根本原因是存在漏洞(vulnerability)及其利用途径。由于信息系统的复杂性高,各种软硬件漏洞通常是不可避免的,例如 C 语言中数组使用不当导致缓冲区溢出,口令强度检查的片面性导致弱口令的存在等。攻击者与防御者之间的对抗通常是围绕漏洞的发现、分析、利用与封堵。

漏洞被封堵之后就失去了利用的价值,因此攻击者热衷于寻找零日漏洞,趁对方毫无防备时发起攻击。而零日漏洞普遍存在于新技术、新系统中。人工智能在网络空间中的应用还在发展过程中,必然有许多未知漏洞,可能存在于知识处理的模型、算法和平台中。从图 1-1 所示的知识层次来看,相比于信息和数据,以知识处理为中心的新型应用显然为攻防二者开辟了新的对抗战场。因此,人工智能模型、算法和平台的漏洞发现与利用,就成为人工智能安全的主要推动力。

综上所述,人工智能安全有两大方面的含义。

(1)人工智能安全是一种崭新的安全问题。首先是由于人工智能模型及算法本身存在的漏洞而引起安全问题。其次,它面向更广泛意义上的安全问题,涉及伦理道德、公平正义等,属于内容语义层面。

(2)人工智能安全是一种技术,有两方面的含义:①用于网络空间攻击的人工智能技术,是攻击者的手段;②用于人工网络空间安全防御的人工智能技术,包括网络层、数据层以及知识层的安全防御。

狭义的人工智能安全主要关注人工智能模型与算法本身的安全问题,即知识层安全。

广义的人工智能安全还包括数据层、网络层等多方面的安全问题。尽管二者有所差别,但是其技术和方法具有较强的联系,因此本书均有涉及,但更侧重于讲述狭义的人工智能安全。

1.2　人工智能安全问题与脆弱性

1.2.1　人工智能及其安全问题的出现

人工智能的概念自1956年被提出后,随着计算机技术的飞速发展而得到了发展。人工智能理论与技术所涉及的范畴不断扩大,研究对象向纵深方向发展。目前,人工智能理论与技术涵盖了许多方面。在基础理论方面,主要包括知识表示、搜索、推理、智能计算、机器学习理论、表示学习、智能规划、神经网络等;在应用领域方面,主要包括知识发现与数据挖掘、专家系统、自然语言处理、图像处理、智能语音、生物识别、计算机视觉、智能机器人等。

在过去的60多年中,来自不同学科不同背景的学者对人工智能提出了不同的观点和方法体系。不同学派对人工智能研究有不同的主张,从而形成了各自的主义,他们从不同的角度来思考、研究人工智能理论和方法。影响力比较大的学派及其奉行的主义如下:符号学派奉行符号主义,仿生学派(生理学派)奉行连接主义,控制论学派奉行行为主义或进化主义。

符号学派认为人类认知和思维的基本单元是符号,而认知过程是在符号表示的基础上所实现的一种逻辑运算,其理论基础是数理逻辑。由此,该学派致力于用计算机可处理的符号来对人类认知过程进行模拟和运算,从而实现人工智能。典型成果有定理机器证明、归结方法、非单调推理理论等。

仿生学派认为人工智能源于仿生学,特别是人脑的工作机制。由此,他们强调基于大量简单的神经元和它们之间复杂的相互连接及相互作用来实现人工智能。典型代表性理论和技术成果是人工神经网络、类脑模型等。

控制论学派则认为智能有机体之所以具有一定的智能性,是因为它们需要适应环境变化。因此,该学派强调通过模拟人在环境中的行为来研究智能的生成机制,并提出了自适应、自组织和自学习等理论,形成了智能控制和智能机器人系统技术。

各个学派提出了大量人工智能理论和方法,但不管哪个学派几乎都没有关注到人工智能安全。直到近几年,在大数据的驱动下,以大数据作为智能系统模型学习的素材,建立各种智能模型,从大数据中学习隐含的规律、模式并进行应用,由此进入了大数据驱动的人工智能阶段。人工智能安全问题逐步得到人们的关注,这是由大数据处理及人工智能本身的技术架构所决定的。

由于大数据具有来源多样化、形式多样化、数据海量化、敏感化等多个典型特征,使得数据存储往往需要独立而不能简单共享。因此在新的技术条件中,人工智能技术应用体系具有如图1-2所示的基本架构。

图 1-2　大数据驱动下的人工智能应用体系

图 1-2 中的各部分解释如下。

（1）数据平台为不同来源的大数据提供存储，实际上可以位于各种云环境中，为人工智能应用的模型提供训练数据。

（2）分布式平台即基础计算平台，为人工智能提供计算能力，是人工智能模型算法执行的基础环境。典型的分布式平台是云平台。

（3）人工智能计算平台集成了各种人工智能技术的计算平台，封装了各种人工智能模型，为上层的人工智能应用提供计算对象的调用。

（4）人工智能应用涉及各种典型的应用领域，它主要负责模型选择、模型验证、用户交互和业务流程的集成等。

这四部分从数据、计算能力、模型算法和应用进行集成，构建人工智能技术平台。在这样的模式下，人工智能模型算法实际上已经成为一种服务。就机器学习而言，目前已出现了机器学习即服务（Machine Learning as a Service，MLaaS）的新形式。人工智能开发运营公司在不让用户直接访问模型的情况下，通过开放数据接口、模型调用接口来满足用户对各类机器学习模型的训练和使用需求。典型的机器学习服务有亚马逊的 Amazon ML 和微软的 Azure ML 等。

在大数据驱动的人工智能应用体系中，计算平台、数据平台、应用平台的分离使得攻击者有更多的途径访问人工智能模型、算法和数据，服务计算思想的引入扩大了人工智能技术的使用范围，相应地，也增加了安全风险。另外，人工智能模型要求数据不断更新，而大数据的更新管理难度较大，也使得数据为人工智能应用带来的安全风险大大提升。典型的数据安全问题有数据过度采集、数据偏见歧视、数据资源滥用、数据伪造、威胁公平正义、隐私泄露和大数据"杀熟"等。

1.2.2 人工智能安全的层次结构

分层思维是分析复杂系统的一种重要手段，对于任何一个网络信息系统，从 TCP/IP 参考模型来看，其包含物理层、网络层、传输层和应用层。从 OSI 参考模型来看，其包含物理层、数据链路层、网络层、传输层、会话层、表示层和应用层。人工智能应用建立于现有信息系统架构之上，在研究分析人工智能安全问题时，需要进一步对处于应用层的人工智能进行分层。

如图 1-3 所示，人工智能应用可以划分为数据层、算法层、模型层和框架层。其中，数据层为模型训练测试提供数据，框架层包含了各种开源框架以及用户自己设计的人工智能框架。

之所以按照这样的方法对人工智能应用进行划分，是因为数据、算法、模型和框架在人工智能安全中的重要性。

1. 数据的重要性

模型的训练和应用都离不开大规模数据，而数据来源的多样性、数据流动的快速性等大数据特征必然使得人工智能应用中的数据及其管理成为影响安全的重要因素。

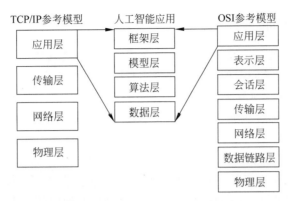

图1-3 人工智能应用的层次结构

2. 算法的重要性

一般信息系统中也存在重要的算法,但是在人工智能应用中,算法是智能的实现者和模型的操作者,因此其安全性显得更加重要。

3. 模型的重要性

人工智能模型在应用中处于核心位置,而模型的训练和使用过程涉及数据、用户等多个环节,增加了其安全风险,在安全分析时应当给予重点关注。

4. 框架的重要性

开源模式在人工智能应用开发中普遍存在,TensorFlow、PyTorch等很多知名人工智能开源框架都被选择用来快速搭建人工智能应用模型。然而开源框架的开放性和平台及模型的独立性,使得其平台安全、模型安全变得更加棘手。

综合大数据驱动下的人工智能应用体系、信息系统架构以及数据、算法、模型和框架在人工智能安全中的重要性,可以进一步归纳出完整的人工智能安全的层次结构,如图1-4所示。

总体上看,人工智能安全从实际到抽象,包含了平台安全、模型安全和决策安全三个层面。平台安全包括网络系统安全、AI平台安全和数据安全。模型安全包括数据安全、隐私安全和算法安全。决策安全包括

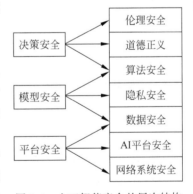

图1-4 人工智能安全的层次结构

算法安全、道德正义和伦理安全。数据安全包括两方面含义:一是数据防篡改等安全问题,属于平台安全;二是从模型训练的角度来看的数据安全,与模型安全相关。同样,算法安全也有两方面含义:一是模型训练和使用中的算法安全;二是决策过程中的算法安全。

1.2.3　人工智能的脆弱性

信息技术都存在脆弱性或安全漏洞,这是产生安全问题的根本所在。人工智能技术也不例外,人工智能安全问题的产生也在于本身所存在的漏洞。由于模型及算法的作用,各种安全漏洞很容易得到放大,并且变得不可预测,使得人工智能安全问题更加难以解决。

数据和模型是人工智能应用的核心,所涉及的数据一般可以分为两大类,即训练数据和测试数据。训练数据用于模型构建、模型结构和参数优化。训练数据的数据量越大,也就越能反映数据真实分布。测试数据用于实际分析、模型检验。一般应用中,人工智能模型对数据都有这样的要求——训练数据和测试数据具有相同的分布,才能保证模型是有效的。

从人工智能安全的层次结构可以看出,模型、数据、平台以及决策中存在的脆弱性最终会导致人工智能应用出现安全问题,主要体现在以下五方面。

1. 数据分布假设的脆弱性

实际上,训练数据和测试数据并不一定来自相同的数据源,攻击者可以利用训练数据和测试数据的分布差异性所造成的影响来实施攻击。例如在入侵检测中,训练数据是 A 大学的流量数据,而测试数据是 B 大学的流量数据。这样攻击者就可以利用人工智能模型对数据同分布的要求,通过制造恶意注入数据或改变测试数据,使得二者存在明显的分布差异,从而导致模型性能下降。

2. 模型更新机制中的脆弱性

人工智能模型为了使其及时反映实际应用中的数据模式,需要及时收集新数据来充实训练样本,以便对模型进行更新。也正是由于这种模型更新机制,使得攻击者有机会让恶意伪造或修改的数据被选入训练集,从而导致训练数据被污染。

3. 数据处理过程中的开放性

人工智能应用开发中,通常涉及多个不同的部门,甚至是多个不同的机构,这些单位的相关人员有机会接触输入数据。如果数据本身带有一定敏感性,那么攻击者就会通过恶意地收集这些敏感数据,并与他所拥有的知识进行连接,从而获得个人敏感信息,导致个人敏感数据泄露。

4. 计算平台的漏洞

计算平台为人工智能算法提供算力、数据分布,人工智能平台则提供了模型运行的框架等功能。在一般架构设计中,都充分考虑了平台、模型和数据的分离,降低它们之间的耦合关系,有利于提升人工智能平台的扩展性。但缺点是容易导致在平台的系统层、网络层等多个层次上出现固有漏洞。同时,这些平台通过为用户提供调用 API 的方式来间接访问人工智能模型服务,存在攻击者恶意访问发送请求的可能。

5. 人工智能决策中的漏洞

人工智能应用的目的并不是构建各种模型,而是利用模型进行决策或为人类决策提供依据。大数据驱动的人工智能,其决策依赖于历史数据。这些历史数据可以是用户或群体在使用人工智能中得到的反馈数据,也可以是各种行为数据。因此,当某个群体的AI使用存在某种道德、正义或伦理方面的偏差时,算法很可能在历史数据的作用下发现用户的兴趣,并在决策中跟随这种偏差,使得这种偏差不断得到加强。

正是因为人工智能应用技术存在脆弱性和漏洞,一旦被攻击者利用,就会引发安全问题。例如,IBM Watson Health 的智能医生"学习"了没有经过严密审查的医疗记录,导致为病人提供了不安全的医疗建议。

1.3 人工智能安全的基本属性

由于信息系统涉及众多的软硬件设备,复杂性高,为了对信息安全保护提供方法论上的指导,研究人员从中提炼出信息安全的五个基本属性,用于指导信息系统安全分析设计与管理。信息安全的基本属性包括机密性(Confidentiality)、完整性(Integrity)、可用性(Availability)、可控性(Controllability)和不可否认性(Non-repudiation)。在信息安全等级保护中,特别地根据信息系统的机密性、完整性和可用性来进行安全等级的划分,形成了所谓的 CIA模型,分别是这三个单词的首字母缩写。

智能系统作为信息系统的一种,除了拥有传统意义上的信息安全基本属性外,在模型算法层面还具有独有的属性。人工智能安全的基本属性如图 1-5 所示,其中可解释性和道德性是其独有的属性。

下面解释人工智能安全的基本属性的含义。

图 1-5　人工智能安全的基本属性

1. 机密性

机密性是指保证信息由授权者使用,而不泄露给未经授权的人员。例如,数据库安全中可以通过基于角色的访问控制模型(RBAC)来授权。

在机器学习系统中,模型类型、模型结构、模型参数和训练数据等信息是核心部分,其中包含了许多关键信息。特别地,模型用于对抗环境,例如入侵检测、欺诈检测等,模型及相关信息是攻击者的主要攻击目标,在这种情况下需要保证这些信息在一定的时间和空间的约束下不会被攻击者利用。此外,机密性包含模型学习时对原始数据中的个人隐私数据的保护能力。

2. 完整性

完整性是指在存储或传输信息的过程中,原始的信息不允许被随意更改。在人工智能模型的攻击中,攻击者往往对其中的部分数据感兴趣,从而针对性地使得这部分数据的计算结果产生偏差,而其他数据则不受影响。例如,对于攻击者要逃避入侵检测系统的检测,他们通过改变入侵行为使之绕过检测系统,从而引发完整性问题。

3. 可用性

可用性保证信息和信息系统随时能为授权者提供服务,以及合法用户对信息和资源的使用不会被不合理地拒绝。对于人工智能安全而言,可用性也体现在很多方面,例如,对人工智能模型进行投毒攻击、逃避攻击等,基本策略都是尽可能地导致样本识别错误,降低模型的可用性。

4. 可控性

可控性保证管理者能够对信息实施必要的控制管理,以满足应用管理的需要。人工智能给社会管理带来的新形态,突出问题是对智能模型与算法的控制和管理,包括自学习能力、智能机器人的行为边界等,都需要从可控性的角度进行安全规范。

5. 不可否认性

不可否认性的基本含义是运算各方为自己的信息行为负责,无法否认。人工智能作为一个运算主体,也无法否认在信息采集、处理、挖掘、决策等各个环节对信息所做的行为。特别是在信息生成与制造中的人工智能,例如图片生成、视频修复等,从安全的角度看,人工智能安全也应具备不可否认性。

6. 可解释性

当人工智能应用于安全攸关的特定场景中,例如航空航天、武器装备、交通等与国计民生密切相关的领域,一旦发生系统失效,将严重威胁到人们的财产生命安全。因此,对人工智能系统应当从可解释的角度来进行评估,确保其决策依据具有良好的可解释性,避免在安全攸关的 AI 应用领域采用黑盒算法。

7. 道德性

人工智能在自学习过程中,面临着与道德相关的安全需求,主要表现在三方面:①尊重生命权力,避免对人的身心健康造成伤害或威胁;②坚持公平正义,避免人工智能系统内生偏见或预植入偏见,公平地对待不同社会群体;③处理风险隐私,客观对待人工智能可能引发的风险和隐私安全。

1.4   人工智能安全的技术体系

基于 1.1 节人工智能安全的定义,人工智能安全的技术体系可以用图 1-6 来表示。该体系总体上包含了三层,上层是问题和应用场景,中间层是技术与方法,底层是数据处理。其中,中间层包含人工智能赋能攻击与防御、人工智能模型与算法的攻击、人工智能防御与治理三部分。

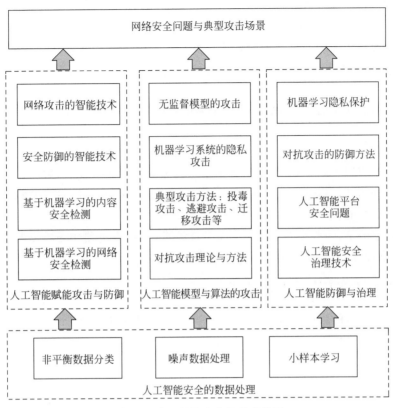

图 1-6　人工智能安全的技术体系

从图 1-6 中可以看出,中间层的各种技术依赖于底层的人工智能安全的数据处理。小样本学习、噪声数据处理和非平衡数据分类是三类重要的人工智能安全的数据处理方法。在当前大数据驱动的人工智能中,其重要性主要体现在两方面:①在网络信息安全问题中,由于攻击手段与防御手段的特征使得收集到的原始数据可能存在数量不足、类别分布不均匀和数据噪声等问题;②针对机器学习模型的对抗攻击,一种重要的手段是通过修改数据样本,包括样本特征和样本标签等信息,从而使得训练数据和测试数据存在噪声、偏差和异常。目前针对小样本学习、噪声数据处理和非平衡数据分类所提出的各种算法为解决这些问题提供了有效的途径。因此,这三类数据处理方法是整个人工智能安全技术体系中的重要组成部分。

图 1-6 中,人工智能模型与算法的攻击、人工智能防御与治理这两部分与狭义人工智能安全相关。它们侧重于各类监督、无监督机器学习模型的攻击与防御方法,是人工智能安全体系中的重点部分。

在模型的对抗攻击与防御中,攻击者的主要目的是破坏机器学习系统、扰乱机器学习系统的检测识别功能以及从机器学习系统中进行隐私窃取。在安全研究中,攻击与防御是两个重要的视角。从攻击的角度看,对攻击者的行为、攻击假设及目标进行剖析,研究实现这些攻击目的的技术和方法。典型的攻击方法包括投毒攻击、逃避攻击、迁移攻击等针对分类器的可用性攻击,也包括隐私安全攻击等隐私性攻击。从防御的角度看,防御者针对各种攻击行为,研究相应的防御方法。尤其是尽可能发现机器学习系统的脆弱性,进行系统安全性评估,防御者最终也可以基于攻击技术提升机器学习系统安全性。

人工智能平台提供了对人工智能模型和算法的封装,极大地促进了人工智能的应用,在这种情况下,平台的安全性作为人工智能的汇集点,成为特别需要关注的问题,也成为安全方面的焦点之一,是安全技术体系的重要组成部分。平台的安全性保障对于提升人工智能模型算法应用的安全防御能力是非常必要的。

位于技术体系上层的是各种网络安全问题和典型的对抗攻击场景。为解决诸如入侵检测、不良信息内容检测等传统网络空间安全问题,迫切需要引入新的人工智能技术。而人工智能技术应用于此类对抗环境,带来了对模型算法攻击与防御的需求。除了传统网络空间安全问题外,自然语言、图像识别、口令生成等新场景下的人工智能模型也普遍存在对抗攻击的可能。

需要注意的是,一些更加基础的人工智能技术,如各类机器学习模型与算法、优化方法、搜索和推理等,没有在技术体系中体现出来。

1.4.1 人工智能安全的数据处理

人工智能安全的数据处理方法包括小样本学习、非平衡数据分类和噪声数据处理三类。对于解决网络信息安全攻击与防御、人工智能模型的对抗攻击与防御和人工智能安全治理中的主要问题,有一定参考价值。

大数据驱动的人工智能应用是当前及今后很长时间内人工智能研究发展的主要模式,监督学习、无监督学习和深度学习等各种机器学习方法在应用时都需要大量数据,而训练数据、测试数据和验证数据都可能存在漏洞。数据中存在的问题对人工智能安全的影响不可忽视。

小样本、非平衡和噪声问题是三个典型的人工智能数据问题。这三个问题产生的原因,一方面来自业务数据本身,例如,入侵检测中某些类别的样本数据不容易获得、用户在标注数据时由于疲劳导致标签出错;另一方面则来自对抗攻击环境下的攻击行为,攻击者通过在训练数据中添加噪声、恶意修改样本标签、在机器学习模型训练时选择特定的样本分布等方式来实现对机器学习系统的攻击。

不管针对哪种方式,小样本学习从样本增强、特征空间压缩、样本迁移等角度解决样本不足给模型训练带来的影响。类别分布的不平衡问题通常是由于某些类别的样本在实际中难以获得,对此非平衡数据处理分别从数据层面和算法层面采用欠采样、过采样、集成学习等多种途径减轻非平衡数据的影响。噪声数据包含了属性噪声和标签噪声,在人工智能安全中更侧重于标签噪声,主要是由于人工标注的主观性等。在技术上,通过噪声清洗、离群点过滤、噪声鲁棒性学习等方法来克服噪声数据对模型训练的不良影响。

1.4.2 人工智能用于网络安全攻击与防御

相比于针对人工智能的对抗攻击研究,人工智能用于网络安全的攻击与防御研究要早一些。网络信息安全问题分布在从物理层到应用层的各个层面中,而人工智能方法普遍可以用于各个层面安全问题的解决。这里以网络层和应用层为例说明。

在网络层,利用主机和网络设备的端口可以进行网络层的入侵检测、拒绝服务攻击等。由于攻击者通常有一定攻击手段,例如使用某些网络层攻击工具,通过欺骗、重复等方式进行,由此表现出与正常网络用户不一样的行为特征。网络层行为的特征主要体现为流量和数据包内容,例如,拒绝服务攻击会在短时间内产生大量流量。人工智能方法就是基于攻击者和正常用户的这种行为差异,建立分类器模型。不管是统计学习模型还是深度学习模型,我们都需要寻找尽可能多的有利于提升辨别能力的原始网络层特征,包括IP 地址、端口、错误率、响应时间等。深度学习模型可以在此基础上进一步发现一些隐含的特征,从而有可能进一步提升分类效果。

应用层涉及安全问题更多、更复杂,包括各种应用的安全问题,也包括了内容安全和行为安全。垃圾邮件检测是研究得比较早的应用层安全问题,也是比较完整地运用了机器学习方法的典型例子。同样,首先是原始特征的选择和样本的构建。通常使用的特征包括发件人、发件时间、邮件标题、内容,更进一步的特征是通过字符串分析、自然语言处理等技术获得。数据样本构造需要选择足够多的垃圾邮件和非垃圾邮件,并且保证这两个类别的样本数量差异不要太大。针对社交网络、虚拟空间等的安全问题也很多,如社交网络账号冒用、特定群体挖掘等。社会敏感热点事件的网络舆情也是一种重要的内容安全问题,针对此类问题需要广泛运用自然语言处理、图像识别、主题分析等人工智能方法。

1.4.3　人工智能对抗攻击与防御

人工智能在各行各业的应用越来越普遍,其中一大类属于对抗类型的应用。对抗攻击应用环境具有如下特征:涉及攻击和防御两类角色,它们具有完全相反的利益。例如,金融欺诈检测中的欺诈者和检测者,入侵检测中的入侵者和检测者等。由于各自利益的驱动,这两类角色必然不断提升攻击与防御能力。而检测中的核心部件通常是基于人工智能的各类模型,因此模型及相关数据成为攻击者具备的重要知识,必然成为对抗的重要途径和场所。

人工智能对抗攻击的技术体系包括了理论和攻击方法,其中理论部分主要针对人工智能的一些基础模型及相关算法。机器学习模型大都存在优化目标函数,可以用数学形式描述,攻击者的目标与机器学习的优化目标正好相反,但在目标函数的定义上并没有很大的差异。因此,类似于机器学习算法中普遍利用梯度进行优化,对抗攻击算法也仍是基于各种梯度的计算。与普通的梯度计算方法的差别在于,对抗攻击有更多的条件约束,例如要考虑到攻击样本不能轻易被发现、攻击样本要在攻击者的能力之内等。

从攻击者的角度来看,目前已发现许多针对人工智能模型的攻击方法,并从攻击目的、攻击知识等多个角度进行了归类。其中,白盒攻击和黑盒攻击是基于攻击者对人工智能模型的掌握程度来划分的两大类方法。白盒攻击方法需要知道模型训练的目标函数、特征空间等,基于梯度的攻击是典型的白盒攻击方法。黑盒攻击是假设攻击者除了在应用层面进行模型交互外,没有其他关于模型的知识可以使用。迁移攻击是一种典型的黑盒攻击方法,需要事先构建本地白盒模型。

虽然目前大部分文献都是针对监督学习,而实际上对无监督学习的攻击在实际中也可能存在。无监督学习可以用来自动发现数据中的模式,进而将这些模型用于对抗环境,针对无监督学习的攻击就有了用武之地。在攻击技术上,由于无监督学习没有像监督学习那样的可优化目标,因此,目前的攻击方法主要是基于启发式的方法,例如在两个簇之间加入攻击样本,使得聚类算法能够将这两个簇视作一个簇。

针对这些攻击方法,相应的防御技术可以使用各种防御策略,包括数据层、模型层和算法层上的策略。由于攻击者可能针对训练数据进行数据投毒、特征修改,从而导致训练数据分布出现异常,因此可以在数据层进行防御,相应的方法有噪声检测、离群检测等;在模型层,噪声容忍模型使得模型具备一定的容错能力;在算法层,正则化训练、对抗性训练、防御蒸馏和算法鲁棒性也得到了较为广泛的运用。

1.4.4　机器学习隐私攻击与保护

当训练数据中包含个人敏感属性时,在机器学习过程中进行隐私保护成为机器学习能否成功的重要问题。这是因为在整个机器学习过程中,多个环节可能存在隐私被窃取,以下以医疗诊疗应用领域为例。

(1)对原始数据的处理,原始数据来自医院的患者诊疗记录,包括了个人信息和诊疗过程的数据。

(2)在模型训练阶段,即使已经将个人姓名等代表身份的信息删除,但是通过数据关联、背景知识仍然可能获得数据中的患者隐私。

(3)机器学习模型学习到的参数,实际上是原始数据集中患者特征的一种映射,攻击者可以据此推断患者隐私。

对机器学习的隐私攻击是一种特殊的对抗攻击,它专注于训练数据的敏感性获取、模型参数的推断,其攻击目的与一般的对抗攻击不同。从医疗辅助诊断的例子可以看出,机器学习隐私攻击的途径是多样化的,对于不同的机器学习系统而言,隐私攻击方法有一些类似的方法。在数据层,也存在针对各种不同类型数据的隐私攻击方法。

从机器学习隐私保护技术来看,主要的方法总体上可以分为两大类,即数据角度的隐私保护和计算架构角度的隐私保护。

1. 数据角度的隐私保护

(1)数据层的隐私保护。这是针对原始数据的隐私保护,也是隐私保护方法开始研究时的入手点。目前为止,K 匿名及其各种变体和差分隐私是其中的典型方法。从数据类型的角度看,目前的方法针对关系型数据、位置型数据、轨迹型数据和社交网络型数据的隐私保护探讨得最多。

(2)模型的隐私保护。机器学习模型由模型结构类型、模型参数及其运算规则组成,相比而言,模型结构类型更容易推测,因此模型参数成为模型的敏感信息。现在的做法是对模型参数实施隐私保护。

2. 计算架构角度的隐私保护

在云计算、大数据技术的推动下,机器学习的应用模式发生了变化。从早期的单机、简单的 Client/Server 结构,发展到了分布式计算、机器学习即服务(MLaaS)的模式。把机器学习模型部署在云计算环境中,并以服务的形式为用户提供调用。

在分布式计算模式下,参与计算的各单位如何共享自己的私密数据,不同的方式就产生出不同的隐私计算架构。而安全多方计算是满足这种需求的一种计算形式,联邦学习也类似,不要求各参与单位把敏感数据共享出来。目前,字节跳动、腾讯、微软等企业也有相应的联邦学习产品,可以在大数据环境下进行隐私计算,实现了"数据不动,模型动"等多种灵活的计算模式。

1.4.5 人工智能安全治理技术

人工智能在为人们生活提供便利的同时,也给社会公共治理带来不容忽视的挑战,例如人脸识别的滥用、大数据"杀熟"、个人信息的过渡索取、算法对外卖骑手的控制、推荐算法推荐没有价值的低俗内容等问题,引发越来越多关于人工智能如何服务社会的讨论。

不同于传统安全问题,这些问题主要涉及伦理道德、内容健康性、公平正义、个人隐私,属于内容安全范畴。人工智能安全治理主要针对其决策的安全问题,避免因人类主观、感性和利己性对于结果造成的破坏和干扰,以达到公平公正、安全可控可靠的效果。

2019年国家新一代人工智能治理专业委员会发布的《新一代人工智能治理原则——发展负责任的人工智能》强调了人工智能治理的八条原则,即和谐友好、公平公正、包容共享、尊重隐私、安全可控、共担责任、开放协作、敏捷治理。在此基础上,该委员会于2021年9月25日发布了《新一代人工智能伦理规范》,将伦理道德融入人工智能全生命周期,促进公平、公正、和谐、安全,避免偏见、歧视、隐私和信息泄露等问题[2]。

从技术的角度看,人工智能治理的目的在于避免人工智能技术在实际应用中被无意识地误用和有意识地滥用。无意识地误用是指人工智能算法本身带来的不安全问题是很难被预先发现或觉察的,使用时要避免错用而造成严重后果。有意识地滥用是指利用人工智能算法的某些特征,使之在学习过程中产生预期的结果,而这种结果往往带有伦理道德问题。

具体来说,人工智能治理需要解决以下四方面的相关技术问题。

1. 数据偏见

在招聘领域,通过分析基于机器学习模型的招聘人员处理结果,发现男性求职比女性求职更容易。

导致这种结果的原因在于,训练数据中存在一定的类别非平衡或属性不平衡。该问题的出现可能是因为运营者的偏见,也可能是训练数据本身所固有的特点。因此,在技术上可以利用非平衡数据处理方法来解决数据本身偏见问题,对数据集进行定期性检查,保证数据样本的高质量等。

2. 公平正义

虽然数据偏见本身也会导致公平性的问题,但是就公平正义而言,更具有显著的人为因素,例如商家利用所掌握的用户行为数据,分析用户的消费习惯,为新用户与老用户提供差异化的服务质量。在快递配送安排上,优先给某些人群更优的配送路线。根据用户单击搜索商品的行为,判断用户的购买意图进而调整价格。在资源分配中,并非实现随机性,而是具有一定偏向。大数据"杀熟"就是公平正义中产生的问题。

3. 数据标注质量

除了与网络信息安全有关的应用外,在其他很多非对抗情景下的应用领域,人工智能的应用也都离不开高质量的标注数据。然而由于标注人与标注任务之间的专业匹配度、标注工作量等许多因素的影响,标注数据的质量通常会受到一定限制。在数据质量层面,数据标注质量、训练数据与测试数据的同质化容易导致人工智能算法泛化能力差。

4. 人工智能伦理

由于网络社会具有虚拟性、开放性、自主性等特征,使得基于人工智能的网络信息内容的表述输出可能导致伦理道德问题。例如,在信息内容推荐中,一些低俗的内容如果得到更多的点击反馈,那么人工智能的推荐算法在没有伦理约束的情况下,就会不断投其所好,最终导致人工智能伦理问题越来越严重。甚至可能诱导人们做出危险行为,如 AI 换脸过度索取人的面部图像,侵犯人们的肖像权。

1.4.6 人工智能平台安全

当前人工智能应用离不开充足的大数据,而大数据的处理需要一定的算力和维护工作。在社会分工不断细化的今天,大数据处理、计算环境、人工智能环境等重要基础设施实现了分工合作,并且在云计算技术的驱动下,人工智能正以一种服务方式展现出来。其中,最典型的就是机器学习即服务。

人们在云上建立了人工智能所需要的计算环境,通过云计算的自动调度、虚拟化等技术实现了算力的灵活分配,使得各种不同规模的智能计算需求都可以在云上得到满足。这种计算服务的方式,使得人们可以更加专注于人工智能应用开发与运营,但是平台安全问题却是一个无法绕开的问题。

首先是网络运行安全问题。人工智能平台最终也要基于一定的网络环境,不管是虚拟网络环境或是真实网络环境,网络层的安全问题仍然存在。因此,传统网络安全的问题以及相应的技术手段仍然适用。针对网络运行的主要信息安全技术包括密码技术、身份管理技术、权限管理技术、防火墙技术等。

其次是人工智能平台自身的安全问题。其主要体现为针对平台中的模型及其 API 的调用使用中的安全风险监测、管控。TensorFlow 之类的人工智能平台实现了模型与平台的分离,因此外部模型是否存在安全风险以及如何进行安全检查,这些都是在 TensorFlow 平台上使用外部模型所需要考虑的重要问题。

最后是数据的安全问题。平台中的数据安全不同于模型层的数据安全,它更关注数据的安全存储、不被非法篡改,目的是维护数据的一致性和完整性。这里所采用数据安全技术与传统的数据安全技术并没有区别。

1.5　人工智能安全的数学基础

人工智能安全涉及大数据机器学习的一些基础,数学的三大分支即代数、几何与分析,每个分支随着研究的发展延伸出来很多小分支。在这个数学体系中,与大数据技术、人工智能安全有密切关系的数学基础主要有以下几类。

1. 概率论与数理统计

概率论与数理统计知识与大数据驱动的人工智能关系非常密切。条件概率与独立性、随机变量及其分布、多维随机变量与其分布、方差分析与回归分析、随机过程(特别是马尔可夫过程)、参数估计、贝叶斯理论等在大数据建模、挖掘中就很重要。大数据具有天然的高维特征,在高维空间中进行数据模型的分析设计就需要一定的多维随机变量及其分布方面的基础。贝叶斯定理更是分类器构建的基础之一。除了这些基础知识外,条件随机场(CRF)、隐马尔可夫模型、n-gram 等在大数据分析中可用于对词汇、文本的分析,也可以用于构建预测分类模型。

当然以概率论为基础的信息论在人工智能安全分析中也有一定作用,如信息增益、互信息等用于特征分析的方法都是信息论中的概念。

2. 线性代数

线性代数知识与大数据技术开发的关系也很密切,矩阵、转置、秩与分块矩阵、向量、正交矩阵、向量空间、特征值与特征向量等在大数据建模、分析中也是常用的技术手段。

在互联网大数据中,许多应用场景的分析对象都可以抽象成为矩阵表示,大量 Web 页面及其关系、微博用户及其关系、文本集中文本与词汇的关系等都可以用矩阵表示。例如对于 Web 页面及其关系用矩阵表示时,矩阵元素就代表了页面 a 与另一个页面 b 的关系,这种关系可以是指向关系,1 表示 a 和 b 之间有超链接,0 表示 a 和 b 之间没有超链接。著名的 PageRank 算法就是基于这种矩阵进行页面重要性的量化,并证明其收敛性。

以矩阵为基础的各种运算,如矩阵分解则是分析对象特征提取的途径,因为矩阵代表了某种变换或映射,因此分解后得到的矩阵就代表了分析对象在新空间中的一些新特征。所以,奇异值分解(Singular Value Decomposition,SVD)、主成分分析(Principal Component Analysis,PCA)、非负矩阵分解(Non-negative Matrix Factorization,NMF)等在大数据分析中的应用是很广泛的。

3. 最优化方法

机器学习模型训练是很多分析挖掘模型用于求解参数的途径,其基本问题是:给定一个函数 $f:A \rightarrow \mathbf{R}$,寻找一个元素 $a_0 \in A$,使得对于所有 A 中的 a,有 $f(a_0) \leqslant f(a)$(最小化)或者 $f(a_0) \geqslant f(a)$(最大化)。优化方法取决于函数的形式,目前最优化方法通常是基于微分、导数的方法,例如梯度下降、爬山法、最小二乘法、共轭分布法等。

另外,在机器学习模型的对抗攻击中,攻击者往往是在一定的计算资源和攻击能力限制下发起攻击,并且期望攻击样本能够最大化分类器的错误。在对抗攻击样本的优化中,普遍使用的是基于梯度的计算方法。

4. 离散数学

离散数学的重要性不言而喻,它是所有计算机科学分支的基础,自然也是大数据和人工智能安全的重要基础。许多大数据信息都可以抽象地化为图,如社交网络、Web 链接、词汇网络等,因此图及图上的典型运算在此类数据分析处理中就很重要。

1.6　人工智能安全的相关法律与规范

人工智能的应用对社会经济、人文和技术发展产生了深刻影响,然而由于人工智能本身的脆弱性以及人工智能安全新问题的出现,使得单靠技术已无法保证人工智能发挥积极的效果。因此,人工智能安全离不开法律与规范的支撑,通过法律来规范人们的行为,使其在人工智能模型开发设计、数据使用、伦理道德等方面符合预期要求。

各个国家和组织都在人工智能安全法律的相关方面开展工作,主要涉及人工智能伦理道德、数据安全、数据隐私保护和应用安全。

在伦理道德方面,2014 年 12 月,日本人工智能学会成立伦理委员会,探讨机器人、人工智能与社会伦理观的联系。2016 年 6 月,伦理委员会提出了人工智能研究人员应该遵守的指南草案。2017 年 9 月,联合国教科文组织与世界科学知识与技术伦理委员会联合发布了《机器人伦理报告》,指出机器人的制造和使用促进了人工智能的进步,讨论了这些进步带来的社会与伦理道德问题。2019 年 4 月,欧盟委员会发布了《人工智能道德准则》,列出了可信赖人工智能的七大准则。

国内围绕产业技术发展发布了一系列人工智能相关政策法规,包括《新一代人工智能发展规划》《关于促进人工智能和实体经济深度融合的指导意见》等,这些文件均提出了人工智能安全和伦理方面的要求,主要关注人工智能伦理道德、安全监管、评估评价和检测预警等方面,加强人工智能技术在网络安全的深度应用。特别是 2021 年 9 月 25 日,由国家新一代人工智能治理专业委员会发布了《新一代人工智能伦理规范》,该规范将伦理道德融入人工智能全生命周期,为从事人工智能相关活动的自然人、法人和其他相关机构等提供伦理指引。该规范提出了增进人类福祉、促进公平公正、保护隐私安全、确保可控可信、强化责任担当、提升伦理素养等 6 项基本伦理要求。在算法设计、实现、应用等环节,提升透明性、可解释性、可理解性、可靠性、可控性,增强人工智能系统的韧性、自适应性和抗干扰能力,逐步实现可验证、可审核、可监督、可追溯、可预测、可信赖。在数据采集和算法开发中,加强伦理审查,充分考虑差异化诉求,避免可能存在的数据与算法偏见,努力实现人工智能系统的普惠性、公平性和非歧视性。

在数据隐私保护方面,2018 年 5 月,欧盟 GDPR 正式生效,其中涉及人工智能的主要有 GDPR 要求人工智能算法有一定的可解释性。在应用安全方面,2018 年 5 月,德国对《道路交通法》进行了修订,将自动驾驶汽车测试的相关法律纳入其中。2021 年 9 月 1 日正式实施的《中华人民共和国数据安全法》不仅关注了与数据安全保护息息相关的重大问题,也兼顾发展与安全,阐明了数据安全与发展的关系,这对于在各行业开展人工智能应用与应对潜在的安全问题提供了有力保障。

1.7 人工智能安全的发展趋势

目前人工智能安全的发展趋势可以归纳为以下几方面。

(1) 对人工智能模型的攻击方法会越来越多。

信息安全技术具有一定的被动性,一般是在感知到攻击行为后,才寻找攻击行为特征,并进行再防御。对于人工智能模型安全而言,目前主要的研究侧重于对模型的攻击,也是符合这个规律。但就目前来看,对模型的攻击方法仍比较有限,侧重于对模型本身的攻击,预计未来会有更多的传统网络空间安全攻击方法被引入人工智能模型的攻击中。

(2) 人工智能模型攻击与防御的迭代式发展。

当出现了某种针对模型的攻击行为后,就会有相应的防御技术。而防御技术的出现,又会使得攻击者变换其攻击行为。攻击与防御二者迭代式发展,因此,在模型攻击方法形式多样的情况下,相应的防御方法也将会得到关注。

(3) 人工智能技术的发展将进一步推动网络空间安全的攻击与防御技术。

当前人工智能技术仍在快速发展中,大数据越来越普及,推动了人工智能技术研究的深入。同时,也为网络空间安全的攻击和防御带来新的技术手段,着力于解决当前网络空间安全的小样本、噪声以及性能等许多方面的问题。

(4) 新的互联网应用将使人工智能安全变得更加复杂。

移动互联网、移动社交已经历较长的发展阶段,目前也在不断寻找其新的应用模式。诸如元宇宙之类的新模式集成了更多的人工智能技术和模型,在新的虚拟空间中,人工智能模型的隐蔽攻击手段将会不断出现。

(5) 人工智能安全治理技术的发展。

人工智能伦理、治理和安全规范已经成为人工智能应用健康发展的重要保障,目前已经达成了一定的共识。相应地,如何在应用中保障这些规范的实施、支持人工智能安全治理的技术如算法模型的可解释性等,将会得到发展。

参考文献

[1] 张蕾,崔勇,刘静,等. 机器学习在网络空间安全研究中的应用[J]. 计算机学报,2018,41(9):1943-1975.

[2] 国家新一代人工智能治理专业委员会. 新一代人工智能伦理规范[EB/OL]. (2021-09-26). http://www.most.gov.cn/kjbgz/202109/t20210926_177063.html.

第二部分
人工智能安全的数据处理

第 2 章

非平衡数据分类

非平衡数据是人工智能安全中经常遇到的问题,一方面,在采集和准备数据时,由于安全事件发生的可能性不同等因素的影响,使得训练数据存在非平衡;另一方面,机器学习模型的攻击者也可能利用非平衡数据学习所产生的分类效果在多数类上的偏斜,而成为攻击者对机器学习模型攻击的一种手段。不管哪种情况,对机器学习系统的数据进行非平衡数据处理都是非常有必要的。

2.1 数据非平衡现象与影响

在网络信息安全问题中,诸如恶意软件检测、SQL 注入、不良信息检测等许多问题都可以归结为机器学习分类问题。这类机器学习应用问题中,普遍存在非平衡数据的现象。除此以外,数据非平衡问题也广泛存在于金融、生物医疗等领域,例如金融中的欺诈检测、违约行为检测等。

在入侵检测的公开数据集 NSL-KDD 中,总共有 23 个类别,共计 125 974 条记录。其中正常流量有 67 343 条,异常流量有 58 631 条,基本符合类别平衡要求。但是如果进一步分析每个异常类别,neptune 类型入侵有 41 214 条,而 buffer_overflow 和 smurf 分别只有 30 条和 2646 条记录。可见,不同类别的样本数量差别非常大,存在非平衡问题。

通常认为,一个数据集中,样本数量最少的类别与样本数量最多的类别,如果它们的样本数量之比小于 20%,就认为存在非平衡问题。当然,这也不是绝对的规定,只要差距较大就可以尝试使用非平衡数据处理方法来改善分类器的性能。

在实际应用中,这种非平衡数据是如何产生的,与哪些因素有关,进一步理解这些问题,有利于寻找合适的非平衡数据处理方法。针对网络安全应用而言,产生非平衡数据的原因和机制主要有以下两方面。

（1）攻击者的理性特征使得攻击样本不会大规模出现。

一个理性的攻击者，会恰当地控制自己的攻击行为，只在必要时发起攻击行为，而不会漫无目的地攻击目标。这种理性特征导致的结果就是，攻击样本的数量远远少于正常样本。

（2）警惕性高的攻击者，会经常变换攻击方式避免被防御者检测出来。

攻击者通常担心攻击行为被对方检测出来，必然具有一定的警惕性。这种警惕性使得攻击者经常会根据攻击和响应信息来改变攻击行为，使得攻击行为在目标端看起来像是正常行为。因此，导致的结果是攻击样本的特征变化多端，与正常行为难于区分。

非平衡数据对于机器学习的影响是显著的，降低了少数类的分类准确性。从信息论角度看，由于样本特征不充足，少数类样本的信息量比多数类要少很多，因此，容易产生分类偏差。从机器学习原理的角度来看，各种分类方法通常假设训练集中各个类别的样本数量基本相同，并且误分代价相同。当用于非平衡数据分类时，为了最大化整个分类系统的分类精度，必然会使分类模型偏向多数类，从而造成少数类的分类准确性低。

例如，在垃圾邮件检测中，假设测试数据中正常邮件的数目 Y_0 将远远大于垃圾邮件的数目 Y_1，如当 $Y_0 : Y_1 = 98 : 2$ 时，分类器只要将样本全部判别为正常邮件就有 98% 的分类准确率，但该分类器在垃圾邮件检测中毫无意义。

训练数据分布及分类器如图 2-1 所示，相比于图 2-1(a)而言，图 2-1(b)的分类器偏向于多数类，优先保证多数类的准确性。在这种情况下，即使少数类出现一些错误，也不会导致整个分类器的准确性下降。

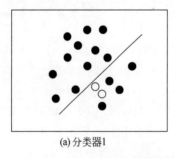 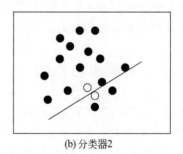

(a) 分类器1　　　　　　　　　(b) 分类器2

图 2-1　训练数据分布及分类器

因此，针对不平衡数据的分类问题如何设计分类器模型，同时确保多数类与少数类均具有一定的分类准确性，已成为机器学习及应用研究的热点，并已有一些面向分类应用的非平衡数据处理方法。

2.2　非平衡数据分类方法

机器学习分类技术包括数据预处理、特征、分类算法三方面的技术，提高非平衡数据的分类性能，可以围绕这三方面展开。如图 2-2 所示是机器学习处理非平衡数据的方法体系[1]。

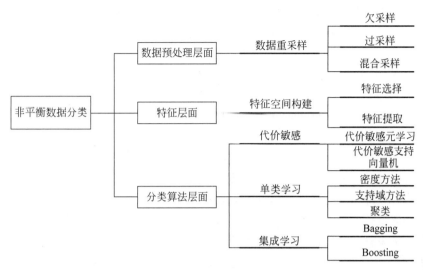

图 2-2 非平衡数据分类的方法体系

1. 数据预处理层面

数据预处理层面主要的思想是,在保证样本分布不变的情况下,改变训练集中每个类的样本数量,降低非平衡程度。直观来看,可以减少多数类的样本数量或增加少数类的样本数量,当然也可以两种方法同时进行。基于这种思想设计出来的算法统称为数据重采样,具体包含三类方法。

(1)过采样方法,提升少数类的样本数量;

(2)欠采样方法,减少多数类的样本数量;

(3)混合采样,对少数类和多数类分别执行过采样和欠采样。

2. 特征层面

在特征层面处理非平衡数据的依据是,虽然样本数据量少,但是可能在某些特征子空间中,能有效区分少数类样本和多数类样本。因此,可以运用特征选择方法或特征提取方法来决定该子空间的构成。

传统的各类特征选择或特征提取方法,如信息增益、卡方统计、互信息、主成分分析等都可以使用。此外,深度神经网络作为一种特征提取抽象方法,当少数类样本比较多的时候,仍然可以考虑使用。

3. 分类算法层面

虽然采样方法在一些数据集上取得了不错的效果,但欠采样容易剔除重要样本,过采样容易导致过学习,因此,采样方法调整非平衡数据的学习能力十分有限。

传统的分类方法通常假设不同类别的样本分布均衡,并且错分代价相等,这种假设并不适合于非平衡数据的情况。因此,在分类模型与算法层面,改变假设前提,设计新的代价函数,提升对少数类样本的识别准确率。

改进代价函数的主要方法是代价敏感学习方法,增大少数类样本的权重。此外,单类学习和集成学习也经常用来解决非平衡分类问题。

2.2.1　数据欠采样

所谓欠采样,就是从整体中采样出部分多数类样本,目标是使得选择出的样本分布与整体相同。欠采样方法采样出的样本数量比整体要小,因此可以作为新数据集中的多数类。至于采样多少样本出来,就取决于少数类样本了。目前常见的欠采样方法有随机欠采样、启发式欠采样等。

随机欠采样是一种最简单的欠采样方法,它选择样本的方式是随机选择。真正的随机采样是对每个样本选择的概率都相同,因此,一些关键样本可能会被排除掉,从而导致分类器性能降低。

启发式欠采样的基本出发点是保留重要、有代表性的样本,而这些样本的选择是基于若干启发式规则。经典的欠采样方法是邻域清理规则(Neighborhood Cleaning Rule,NCL)和 Tomek links 方法,其中 NCL 包含编辑最近邻(Edited Nearest Neighbor,ENN)规则,典型的方法有以下若干。

1. 编辑最近邻规则

所谓 ENN 规则,就是寻找并排除那些不能准确分类的模棱两可的多数类样本,因为这些样本会导致多数类和少数类的边界变得模糊。对于多数类的样本,如果其大部分 k 近邻样本都跟它本身的类别不一样,就将它删除。

ENN 在判断时,对于每个多数类样本 a,如果它被 k 个最近的邻居错误分类,则将它从数据集中删除。也可以从少数类的角度来处理,即当 a 是少数类样本时,如果它被 k 个最近的邻居错误分类,则将 a 邻居中的多数类样本从数据集中删除。在实际运用中要考虑的因素包括:多数类和少数类规则是否同时进行? 规则在样本点的执行顺序以及 k 的值如何确定等。

2. 浓缩最近邻规则

浓缩最近邻(Condensed Nearest Neighbor,CNN)规则的基本过程就是使用 KNN 算法,对点进行分类,如果分类错误,则将该点作为少数类样本。一方面减少多数类;另一方面增加了少数类样本。在实际运用中,选择比较小的 k。分类错误的样本可能是标注时打错标签,因此这种改变标签的做法有一定实际依据。

3. 近似缺失方法

近似缺失(Near Miss)方法按照一定的策略选择有代表性的多数类样本,而类别边界的样本在分类中具有更好的代表性,因此主要的策略如下:

NearMiss-1:对于每个多数类样本,计算其与最近的三个少数类样本的平均距离,选择距离最小的 Top K 个多数类样本,而 K 应与整个数据集中少数类数量差不多。

NearMiss-2:与 NearMiss-1 相反,对于每个多数类样本计算其与最远的三个少数类样本的平均距离,并选择距离最小的 Top K 个多数类样本。

NearMiss-3:采用双向计算策略,即先对每个少数类样本,分别求得距离最近的若干多数类样本;然后对这些多数类样本,分别获得三个最近少数类样本的平均距离,选择平均距离最小 Top K 个多数类样本。

这三种策略中,NearMiss-1 针对数据分布的局部特征;NearMiss-2 针对数据分布的全局特征。NearMiss-1 倾向于在比较集中的少数类附近找到更多的多数类样本,而在离群的少数类附近找到更少的多数类样本。一些文献方法表明,当类别间隔较大时,NearMiss-2 的效果更佳;当类别间隔较小时,NearMiss-3 的效果更佳。

4. Tomek links 方法

两个不同类别的样本点 x_i 和 x_j,它们之间的距离表示为 $d(x_i,x_j)$,如果不存在第三个样本点 x_l 使得 $d(x_l,x_i)<d(x_i,x_j)$ 或者 $d(x_l,x_j)<d(x_i,x_j)$ 成立,则称 (x_i,x_j) 为一个 Tomek link 对。简单地说,如果有两个不同类别的样本,它们的最近邻都是对方,那么这两个样本就构成 Tomek link。

如果两个样本点为 Tomek link 对,则其中某个样本为噪声或者两个样本都在两类的边界上。如图 2-3 所示,圈和三角两边分别代表多数类和少数类,1、2、3、4 均为 Tomek link,其中 1、2、3 为边界,4 为噪声。

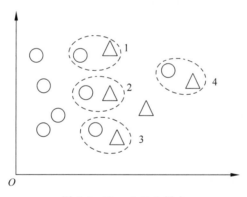

图 2-3　Tomek link 样本

在这种情况下,对于 Tomek link 的两个样本,如果有一个属于多数类样本,就将该多数类样本删除。在数据清洗中,也可以使用 Tomek link 的规则,即将 Tomek link 对中的两个样本都剔除或去除噪声。

2.2.2　数据过采样

过采样方法通过一定的策略来增加少数类样本的数量,从而提高少数类样本和整体数据的分类性能。由于少数类样本数量有限,样本生成策略必然要有利于生成新样本,而不是从现有样本中复制。基本策略是在少数类样本周围生成新样本,以达到平衡类别的目的。

SMOTE(Synthetic Minority Over-sampling Technique)算法是解决该问题的一个有效经典算法。目前已经在原始 SMOTE 算法的基础上,发展出许多新的改进方法。总体上来看,SMOTE 算法的基本假设是相距较近的少数类样本之间的样本仍然属于少数类。下面介绍基本的 SMOTE 算法和 Borderline SMOTE 算法。

1. 基本的 SMOTE 算法

少数类样本集用 S 表示,该算法的基本过程如下:

对于 S 中的每个样本 p:

(1) 在 S 中求得点 p 的 k 个最近邻。

(2) 有放回地随机抽取 $r \leqslant k$ 个邻居。

(3) 对这 r 个点,每一个点与点 p 连接一条线段,在这条线段上随机取一点,从而产生一个新的样本。重复这个过程,最终得到 r 个新样本点。

在线段 $x_i x_j$ 上随机选一点 x_{new} 的方法是采用插值法:

$$x_{\text{new}} = x_i + (x_j - x_i) \times \delta$$

其中,$\delta \in [0,1]$ 是一个随机数。

(4) 将这些新的点加入 S 中。

最终生成的样本数由参数 k 决定,至于该参数值要设置多少,该算法并不提供方法,只要使新生成的训练数据集数据满足均衡要求即可。

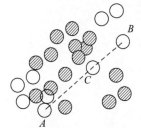

图 2-4 产生错误插值的情况

SMOTE 算法有助于增加少数类样本,使分类器的学习能力得到提升。但是,该算法只是简单地在两个近邻之间进行插值采样,而没有考虑到采样点附近的样本分布情况,从而可能产生趋向于其他类别的样本以及样本重复等问题。如图 2-4 所示,$k=5$ 时在 A、B 两个样本之间线性插值,随机产生的样本 C 位于中间,容易被误分为多数类(阴影表示的样本类)。

2. Borderline SMOTE 算法

基本的 SMOTE 算法对所有的少数类样本都是同样看待的,每个少数类样本都有机会用来生成新样本。从分类原理可以发现导致分类器性能下降的原因主要是位于分类边界的样本,如果能增大边界特征,那么对于解决非平衡问题是有帮助的。为此,将基本的 SMOTE 算法和边界信息结合,就发展出了 Borderline SMOTE 算法。

直观而言,Borderline SMOTE 算法在生成新样本时,只针对位于边界附近的少数类样本,而不是所有少数类样本。在具体实现上,有两个版本,即 Borderline SMOTE-1 和 Borderline SMOTE-2。

1) Borderline SMOTE-1

Borderline SMOTE-1 算法根据少数类近邻样本的类别分布情况,判断该样本以后被误分的可能性,从而有选择地进行线性插值采样生成新的少数类样本。少数类样本集用 S 表示,多数类样本集用 L 表示,整个训练集用 T 表示,该算法的基本过程如下:

初始化 DANGER 集为空。

对于 S 中的每个样本 p：

（1）计算点 p 在 T 上的 m 个最近邻，并记这个集合为 M_p。

设 $m' = |M_p \cap L|$（表示点 p 的最近邻中属于 L 的数量）。

（2）如果 $m' = m$，p 的近邻都是多数类样本，则 p 是一个噪声，不做任何操作。

（3）如果 $0 \leqslant m' < m/2$，则说明点 p 很安全，不易错分，不做任何操作。

（4）如果 $m/2 \leqslant m' < m$，那么点 p 处于危险状态，需要在它附近生成一些新的少数类点，把它加入 DANGER 中，以提升被分为少数类的可能性。

（5）对于 DANGER 中的每个点，使用 SMOTE 算法中的近邻和插值方法生成新样本。

可以看出，该算法选择出来的 DANGER 集中的样本代表少数类样本的边界，也是最容易被错误分类的样本，因此以这些样本为基础进行扩充，将会有利于提升分类性能。

2）Borderline SMOTE-2

与 Borderline SMOTE-1 不同的是，Borderline SMOTE-2 对 DANGER 数据集中的点不仅从 S 集中求最近邻并生成新的少数类点，同时也在 L 数据集中求最近邻，并生成新的少数类点。这会使得少数类的点更加接近其真实值。因此，将步骤（5）替换为如下过程：

对于 DANGER 中的每个样本 p：

（1）在 S 和 L 中分别得到 k 个最近邻样本 S_k 和 L_k。

（2）在 S_k 中选出 α 比例的样本点和 p 作随机的线性插值产生新的少数类样本。

（3）在 L_k 中选出 $1 - \alpha$ 比例的样本点和 p 作随机的线性插值产生新的少数类样本。

由于 DANGER 中的少数类样本少，因此算法中的随机数 α 的范围设定为 $(0, 0.5)$，有利于多数类和少数类的边界更加明确。

2.2.3　数据组合采样

欠采样和过采样都是只针对某一类样本，第三种采样就是把过采样和欠采样技术结合起来同时进行，即组合重采样。其基本思想是增加样本集中少数类样本的个数，同时减少多数类样本的个数，以此来降低不平衡度。有两个典型的组合方法：SMOTE＋Tomek links 和 SMOTE＋ENN。

1. SMOTE＋Tomek links

SMOTE＋Tomek links 方法的过程并不复杂，包含两个步骤。首先利用 SMOTE 方法生成新的少数类样本，得到扩充后的数据集 T；然后剔除 T 中的 Tomek link 对。

为什么需要这两者的组合呢？基本的 SMOTE 算法通过线性插值得到少数类样本，

但是可能导致原本属于多数类样本的空间被少数类"入侵",容易造成模型的过拟合。如图 2-5 所示,SMOTE 产生的少数类样本 C 入侵了多数类空间,此时可以剔除 C 及其近邻的多数类样本。

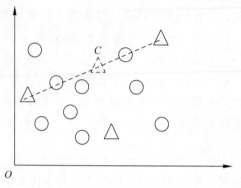

图 2-5　SMOTE＋Tomek links

因此,Tomek link 对寻找的是噪声点或者边界点,在一定程度上解决了"入侵"的问题。

2. SMOTE＋ENN

SMOTE＋ENN 方法和 SMOTE＋Tomek links 方法的思路是相似的,包含以下两个步骤。

(1) 利用 SMOTE 方法生成新的少数类样本,得到扩充后的数据集 T。

(2) 对 T 中的每一个样本使用 ENN(一般 k 取 3),如果它被 k 个最近邻居错误分类,则剔除这些邻居中的多数类样本。

2.2.4　特征层的不平衡数据分类

在网络安全中,某些类别的网络数据难以获得而导致了非平衡问题,多数类通常是正常的,而少数类通常是攻击行为。各个类别的样本数量分布虽然具有不平衡性,但这种非平衡性并非在所有特征上都存在。

因此,特征层解决不平衡数据分类的思路就是选择最合适的特征表示空间,再进行分类。"最合适"是指能最有效提高少数类及整体的分类正确性。把数据样本投影到这个"最合适"的子空间中,多数类可能聚集在一起或重叠在一起,那么就有利于减小数据的非平衡性。

根据机器学习的特征理论,在特征空间的构造方面,存在两大类方法,即特征选择和特征提取。特征选择的方法包括信息增益、互信息等监督方法,也包括特征数之类的无监督方法。特征提取的方法包括主成分分析等传统方法,也可以使用深度神经网络进行特征提取。

不管哪种方法,都存在一个共性问题,即确定特征空间大小。与普通机器学习问题类似,特征空间大小一般作为超参数,可以在验证集上进行测试调整。

2.2.5　算法层的非平衡数据分类

在分类算法层解决非平衡数据分类问题的典型方法是代价敏感学习、单类学习和集成学习等。下面分别介绍这三种方法。

1. 代价敏感学习

经典分类方法一般假设各个类别的错分代价是相同的,并且以全局错分率最低为优化目标。但在网络安全相关的系统中,以入侵检测为例,"将入侵行为判别为正常行为的代价"与"将正常行为判别为入侵行为的代价"是不同的。前者显然要更多一些,因为它造成了安全问题,后者只是影响了正常行为。

基于代价敏感的学习分类方法以代价敏感理论为基础,以分类错误总代价最低为优化目标,能更加关注错误代价较高类别的样本,使得分类性能更加合理。

代价敏感学习首先要解决的问题是如何定义代价? 分类系统的代价涉及多方面,包含错分代价、计算代价、信息获取代价、存储代价等,但是对应用影响最大的是错分代价,因此本节后面简称为代价。对于一个有 N 个类别构成的数据集,其错分代价可以用一个矩阵来表示。

给定数据集的类别数 N,代价矩阵定义为一个 $N \times N$ 的矩阵,其中每一项 $C(i,j)$ 代表算法将 i 类的数据错误地分为 j 类所应当给予的惩罚(代价)。

代价矩阵 C 由领域专家根据经验事先设定或者采用参数学习的方法获得其值。如表 2-1 所示是一个二分类系统的代价矩阵,这里正类和负类分别用 1 和 0 表示。

表 2-1　代价矩阵

真实类别	预测类别	
	正类(1)	负类(0)
正类(1)	C11	C10
负类(0)	C01	C00

一个合理的代价矩阵要满足:错误分类造成的代价要大于正确分类所需要的代价,对于上述二分类代价矩阵,C10>C11、C01>C00。对多分类而言,代价矩阵中某一行的值不能全部大于另一行的值,否则代价矩阵是不合理的。特别地,在非平衡分类的代价敏感学习中,为了提高少数类样本的识别准确率,少数类的错分代价应当大于多数类的错分代价。假设这里的正类(1)是少数类,负类(0)是多数类,那么要求 C10>C01。

基于期望代价,定义真实类别为 i 的样本 x 的分类风险如下:

$$R(i \mid x) = \sum_{j=1}^{N} p(j \mid x) C(i,j) \tag{2-1}$$

其中,N 表示类别总数;$C(i,j)$ 表示把 i 类的样本识别为 j 类所产生的代价;$p(j \mid x)$ 是样本 x 属于类别 j 的概率。

基于条件风险,最优的贝叶斯预测就是把 x 分为使得 $R(i \mid x)$ 最小化的类别 k,即

$$k = \arg \min_i R(i \mid x), \quad i = 1, 2, \cdots, N \tag{2-2}$$

代价敏感的学习算法可以分为三类：①改变原始的数据分布来得到代价敏感的模型；②对分类的结果进行调整，以达到最小损失的目的；③直接构造一个代价敏感的学习模型。第一类方法通过调节训练数据样本的权值，改变原始训练数据的分布，构造新的训练数据集，从而训练得到代价敏感模型。在实际应用中，这类方法类似于集成学习中的Boosting 算法，具体在后文中描述。下面介绍第二、三类典型的代价敏感学习方法。

1）Metacost

Metacost 属于上述代价敏感算法中的第二种类型[2]，利用贝叶斯理论，根据代价最优分类对训练集中每个样本的类别进行重新标记，然后在标记后的数据集上训练新的分类器，该分类器具备代价敏感的分类能力。

Metacost 对训练样本进行重新打标签，是通过 Bagging 方式训练多个模型来提高 $p(j|x)$ 概率计算的准确性，最后求得每个类别的风险 $R(i|x)$，最后选择最小值对应的类别。该算法的基本流程如图 2-6 所示。首先从训练集进行 Bagging 采样，训练相应的模型，在此基础上对训练集中的每个样本计算 $p(j|x)$，然后按照风险最小化原则选择并更新样本标签，最后对更新后的训练集进行模型学习即可得到具备代价敏感的分类模型 M。

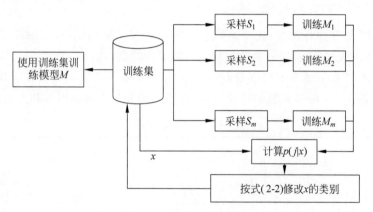

图 2-6　Metacost 的流程

Metacost 算法描述如下：

输入：

S：训练集

L：分类学习算法

$\boldsymbol{C}$：代价矩阵

m：重采样的次数

n：每次采样的样本数

p：分类器 L 是否产生类别概率

q：所有样本是否用于计算

Procedure Metacost$(S,L,\boldsymbol{C},m,n,p,q)$

#基于 Bagging 方法,训练 m 个子分类器 M_i
For $i=1$ to m
  S 中采样 n 个样本,并表示为 S_i
  使用 L 对 S_i 进行训练,得到模型 M_i
对于 S 中的每个样本 x,对于每个类别 j
   如果 $p=$True,则根据每个模型计算 $p(j|x;M_i)$
   否则,如果 x 被 M_i 分到 j 类,则 $p(j|x;M_i)=1$,其他为 0
   如果 $q=$True,则 $p(j\mid x)=\sum_{i=1}^{m}p(j\mid x;M_i)/m,\quad i=1,2,\cdots,m$
   否则,$p(j\mid x)=\sum_{i=1}^{m-1}p(j\mid x;M_i)/(m-1),\quad i=1,2,\cdots,m-1$
   按照式(2-2)设置 x 的类别标签
对训练集的每个样本处理完之后,使用新的数据集训练分类器得到模型 M
Return M

算法中,q 的含义是由于分类器是用部分样本训练而成的,如果 q 为 True,测试集就是全体样本;反之就要剔除这部分训练子集,因此计算中分母是 $m-1$。

2)代价敏感的支持向量机

该方法是将代价信息嵌入分类模型的目标函数中,通过最小化期望损失,获得代价敏感的学习算法。针对不同的分类器有不同的代价敏感分类模型。许多分类器模型都可以改造成代价敏感学习模型,主流的分类算法——人工神经网络、SVM 和决策树等都有相应的代价敏感扩展算法。在深度学习方面,有人把代价因子嵌入卷积神经网络(CNN)的损失函数中,提升经典 CNN 对少数类样本的识别精度;也有人对 CNN 模型中的 softmax 分类器损失函数引入代价敏感因子。

这里以 SVM 为例介绍这种改造方法。SVM 分类器是一个最能区分各个类别样本的超平面。超平面位于离两个类别的支持向量距离最大化之处。SVM 运用了核技巧,把高维空间的样本距离计算转换成低维空间的核函数计算。常见的核函数包括线性、多项式和径向基函数等。

对 SVM 进行代价敏感学习改造的关键在于其惩罚因子 C,该参数的作用是表征每个样本在分类器构造过程中的重要程度。如果分类器认为某个样本对于其分类性能很重要,那么可以设置较大的值;反之,就设置为较小的值。一般情况下,C 的值不能太大,也不能太小。根据这个原理,对于不平衡分类而言,少数类样本应当具有更大的惩罚值,表示这些样本在决定分类器参数时很重要。因此,应用于非平衡数据分类,对 SVM 的最简单、最常见的扩展就是根据每个类别的重要性用 C 值进行加权。权重的值可以根据类之间的不平衡比或单个实例复杂性因素来给出。

具体的加权方法介绍如下。

对于一个给定的训练数据集 $\{(x_1,y_1),(x_2,y_2),\cdots,(x_n,y_n)\}$,标准的非代价敏感支

持向量机学习出一个决策边界：

$$f(\boldsymbol{x})=\boldsymbol{w}^{\mathrm{T}}\phi(\boldsymbol{x})+b \tag{2-3}$$

其中，ϕ 表示一个映射函数，将样本的特征空间映射到一个更高维的空间，甚至是无限维的空间。参数 w 和 b 的优化目标如下：

$$\begin{cases} \min_{w,b,\xi} \dfrac{1}{2}\parallel \boldsymbol{w} \parallel^2 + C\sum_i \xi_i \\ \mathrm{s.t.}\ \ y_i(\boldsymbol{w}^{\mathrm{T}}\boldsymbol{x}_i + b) \geqslant 1 - \xi_i \end{cases} \tag{2-4}$$

最小化的目标函数中包括两部分，即正则项和损失函数项。标准的支持向量机最小化一个对称的损失函数，称为合页损失函数。

在标准 SVM 上实现代价敏感有两种方法，分别是偏置惩罚支持向量机和代价敏感合页损失支持向量机[3]。

（1）偏置惩罚支持向量机（BP-SVM）是一种修改后的支持向量机方法。这种方法在学习过程中引入了分别针对阳性和阴性样本的松弛变量 C_+ 和 C_-，用来处理假阳性和假阴性不同的误分代价。相应地，优化目标更改如下：

$$\begin{cases} \min_{w,b,\xi} \dfrac{1}{2}\parallel \boldsymbol{w} \parallel^2 + C\Big(C_+\sum_{i\in S_+} \xi_i + C_-\sum_{i\in S_-} \xi_i\Big) \\ \mathrm{s.t.}\ \ y_i(\boldsymbol{w}^{\mathrm{T}}\boldsymbol{x}_i + b) \geqslant 1 - \xi_i \end{cases} \tag{2-5}$$

（2）代价敏感合页损失支持向量机（CSHL-SVM），可以避免 BP-SVM 在训练稀疏数据时的缺点，即当惩罚参数 C 非常大时，BP-SVM 将退化为标准 SVM。它扩展了支持向量机中的合页损失函数，并且推导出了最小化关联风险的代价敏感学习算法。相比 BP-SVM 而言，CSHL-SVM 是一种更常用的代价敏感 SVM。相应地，优化目标如下：

$$\begin{cases} \min_{w,b,\xi} \dfrac{1}{2}\parallel \boldsymbol{w} \parallel^2 + C\Big(\beta\sum_{i\in S_+} \xi_i + \gamma\sum_{i\in S_-} \xi_i\Big) \\ \mathrm{s.t.}\ \ y_i(\boldsymbol{w}^{\mathrm{T}}\boldsymbol{x}_i + b) \geqslant 1 - \xi_i,\quad i\in S_+ \\ \qquad y_i(\boldsymbol{w}^{\mathrm{T}}\boldsymbol{x}_i + b) \geqslant k - \xi_i,\quad i\in S_- \end{cases} \tag{2-6}$$

其中，$\beta=C_+$，$\gamma=2C_--1$，$k=\dfrac{1}{2C_--1}$。

可以看出，在 CSHL-SVM 中，代价敏感由参数 β、γ 和 k 控制。β、γ 可以控制边界违反的相对权重；而在稀疏的训练数据集上，k 依然可以控制代价敏感性。

2. 单类学习

当二分类的非平衡数据的类别差异很大时，采用数据采样或代价敏感学习都难以有效提升少数类的分类性能。在这种情况下，可以考虑使用单类分类器。

基于单类学习的非平衡数据分类方法的主要思想是只对多数类样本进行训练，形成一个对该类别的数据模型。那么，对新样本进行分类时，可以通过计算相似度度量并设定阈值来判断新样本是否属于多数类。如图 2-7 所示是单类分类器的示意图，图中有两类样本分别用圆和正方形表示，后者属于多数类。在构建单类分类器时，只考虑正方形的数据样本,那么其轮廓就是分类器。对于新样本(三角形),只要计算它与多数类的距离,就可以根据距离阈值来决定属于多数类或少数类。因此,单类的出发点是不属于多数类的样本就是少数类。

单类分类器易受噪声样本干扰,容易陷入对训练集中少数类样本的过拟合而导致泛化能力下降,如何选取合理的阈值是实际应用中的一个主要问题。

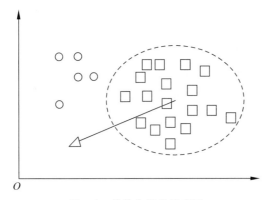

图 2-7 单类分类器示意图

目前针对单类分类问题的解决方法有多种,根据其原理可分为三类,分别是基于密度的方法、基于支持域的方法和基于聚类的方法。

1) 基于密度的方法

描述某个类别样本的最简单方法是构建该类别样本的轮廓,而基于密度的轮廓表示实际上就是该类样本的密度模型。例如,可以假设该类别样本服从 n 元高斯分布,即

$$f(x)=\frac{1}{\left(\sqrt{2\pi}\right)^{n}\sqrt{\boldsymbol{\Sigma}}}\mathrm{e}^{-\frac{(x-\mu_x)^{\mathrm{T}}\boldsymbol{\Sigma}^{-1}(x-\mu_x)}{2}} \tag{2-7}$$

其中,$\boldsymbol{\Sigma}$ 是协方差矩阵; μ 是均值。对于新样本,在概率计算的基础上结合给定的阈值即可判别,即

$$h(x)=\begin{cases}1, & f(x)\geqslant\theta\\0, & f(x)<\theta\end{cases} \tag{2-8}$$

其中,$h(x)$ 为判别函数。1 是目标类或多数类,0 为异常点或少数类。设定阈值的依据是使目标样本上的错误率最小。

如果训练样本特征维数较低,且训练样本较多,基于密度的单类分类器方法比较有效。但是,随着维数的增加,数据的稀疏性越发明显,基于密度估计的方法不能很好地反映此类模式的特征。另外,概率密度函数的估计也是一个难以解决的问题,特别是当密度区域不规则时。

2) 基于支持域的方法

使用该方法,训练数据的轮廓是用边界或区域来描述,例如超平面、超球等。训练的目标是获得最小化训练数据的支撑域的体积,从而使错误率可接受。

代表性方法主要有单类支持向量机(One-Class SVM,OCSVM)和支持向量数据描

述（Support Vector Data Description, SVDD）。

支持向量机解决二分类问题，在非平衡数据中使用 OCSVM 对多数类构建轮廓表示，实际上是把特征空间坐标原点当作一个虚构类，从而在多数类和虚构类之间寻找最优超平面。具体做法与普通 SVM 类似，把输入空间通过核函数映射到高维空间，在高维空间将它们与原点尽可能分开。分类模型参数值可以通过求解二次规划问题获得，也已经有许多更简化的方法。

SVDD 的基本思想如下：在模型训练时，首先把输入空间映射到高维空间，这是通过核映射函数 $\phi(\cdot)$ 来实现的；然后在高维特征空间中寻找一个尽可能小的超球体，即包含所有训练样本点的最小球体。这样，最终在球面上的样本点即为 SVDD 所求得的支持向量，可以用来描述多数类样本的边界分布情况。

OCSVM 和 SVDD 的示意图如图 2-8 所示。

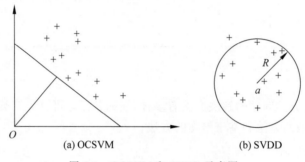

图 2-8　OCSVM 和 SVDD 示意图

3）基于聚类的方法

聚类是一种无监督学习方法，也可以用于单分类器的设计。针对非平衡数据分类，假定训练样本中的多数类满足某种聚类假设，那么可以对这些数据执行聚类，得到的聚类结构作为多数类样本的轮廓描述。对新样本进行分类时，计算它到最近聚类中心的距离，超过该阈值的就判为少数类。

图 2-9 是构建多数类轮廓的示例，当多数类中存在明显簇结构时，使用聚类方法获得聚类结构有利于提高多数类轮廓描述的精度。至于采用基于划分的聚类算法、基于密度的聚类算法、基于层次的聚类算法还是其他类型算法，应当根据实际数据分布情况来定。

3. 集成学习

集成学习对多个弱分类器进行集成，从而提高分类性能。根据集成方式的不同，可以分为 Bagging、Boosting、Stacking 等。集成学习中嵌入了对数据采样、数据样本权重调整等操作，这与非平衡数据分类在数据层的思路一致，因此将二者结合起来，可以充分利用集成学习和数据采样的优势。基于集成学习的非平衡数据分类方法的基本思想就是将集成学习算法与现有的不平衡数据分类方法相结合，使得数据采样方式更加灵活，提高非平衡数据分类效果。

基于 Bagging 的非平衡数据分类方法，在 Bagging 中改变采样方式，提升每个子集的差异化，从而获得多样化的基分类器。目前的一些方法引入不同的采样方法，主要的算法

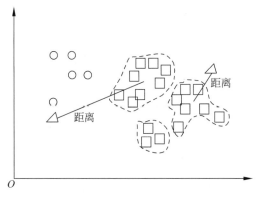

图 2-9 基于聚类的多数类轮廓构建

如下：

（1）OverBagging：每次采样时，在少数类数据上应用随机过采样。

（2）UnderBagging：每次采样时，对多数类数据应用随机下采样。

（3）SMOTEBagging[4]：每次采样时，先使用 SMOTE 生成少数类样本数据，然后再应用 Bagging。

（4）AsymmetricBagging：每次采样时，所有少数类样本都保留下来，而从多数类样本数据中采样一个与少数类数据一样大的子集。

基于 Boosting 的非平衡数据处理方法将采样技术嵌入 Boosting 算法中。与 Bagging 不同，Boosting 算法中的采样是在基分类器迭代过程中，通过改变样本的权重来实现样本被选择的概率大小，使得分类错误的样本可以获得更多关注。应用到非平衡数据分类中，典型的算法有 SMOTEBoost、RUSBoost 等。

SMOTEBoost 是 SMOTE 与 AdaBoost 的集成[5]。AdaBoost 在迭代中，会提高分类错误样本的权值，降低分类正确样本的权值。而 SMOTEBoost 每次迭代时使用 SMOTE 生成新的样本，并且在某轮迭代训练好基分类器后，生成的少数类样本会被丢弃，不加入原始数据集中。这样，SMOTEBoost 可以使误分类的少数类样本获较大的权重，并确保每个基分类器有一定的多样性。

2.3 非平衡数据分类方法的实现

这里以 SMOTE 算法的应用为例，在 Python 中使用现有的包 imblearn，可以方便地进行非平衡数据分类，在使用之前先确保已经按照要求安装好。以下是简单的示例。

```
#加载相应的函数库
#欠采样处理库 RandomUnderSampler
from imblearn.under_sampling import RandomUnderSampler
#过采样处理库 RandomOverSampler
from imblearn.over_sampling import RandomOverSampler
from imblearn.over_sampling import SVMSMOTE
```

```
# 数据集生成器
from sklearn.datasets import make_classification

# 生成非平衡的样本数据,为方便展示,x是二维空间的样本,y是其类别标签。生成30个少数
# 类、70个多数类样本。
x, y = make_classification(n_samples = 100, n_features = 2, n_informative = 2,
                           n_redundant = 0, n_repeated = 0, n_classes = 2,
                           n_clusters_per_class = 1,
                           weights = [0.3, 0.7],
                           class_sep = 0.8, random_state = 0)

# 过采样: random_state指定随机数生成器的种子,用于控制算法的随机性
ros = RandomOverSampler(random_state = 42)
nx, ny = ros.fit_sample(x, y)

# 欠采样
rus = RandomUnderSampler(random_state = 0)
nx, ny = rus.fit_sample(x, y)

# 执行 SVMSMOTE
ros = SVMSMOTE(random_state = 42)
nx, ny = ros.fit_sample(x, y)
```

imblearn 支持的其他采样方法如下:

(1) over_sampling. ADASYN()。

(2) over_sampling. KMeansSMOTE()。

(3) over_sampling. RandomOverSampler()。

(4) over_sampling. SMOTE()。

(5) over_sampling. SMOTENC()。

(6) over_sampling. SVMSMOTE()。

参考文献

[1] 李艳霞,柴毅,胡友强,等.不平衡数据分类方法综述[J].控制与决策,2019,34(4):673-688.

[2] Domingos P. Metacost: A general method for making classifiers cost-sensitive[C]. In Proceedings of the ACM SIGKDD,1999:155-164.

[3] 权鑫.代价敏感支持向量机快速算法研究[D].南京:南京信息工程大学,2016.

[4] Wang S,Xin Y. Diversity analysis on imbalanced data sets by using ensemble models[C]. IEEE Symposium on Computational Intelligence & Data Mining. IEEE,2009:324-331.

[5] Chawla N V,Lazarevic A, Hall L O, et al. SMOTEBoost:Improving prediction of the minority class in Boosting[C]. PKDD,2003:107-119.

第 **3** 章

噪声数据处理

噪声是影响机器学习算法有效性的重要因素之一,由于实际数据集存在采集误差、主观标注以及被恶意投毒等许多因素,使得所构造的数据集中难免存在噪声。本章分析噪声产生的原因,对噪声的类型进行归类,介绍了噪声处理的理论基础,着重介绍了标签噪声识别的三类算法。

3.1 噪声的分类、产生原因与影响

在机器学习训练数据中,存在两种噪声。

第一种噪声是属性噪声。可能由于设备、数据处理方法等因素影响,对于一个数据样本,在每个属性或特征的测量、处理的过程中会引入噪声。例如,血压、温度的测量由于突发因素的影响造成波动。

第二种噪声是标签噪声。带标签的数据是监督机器学习算法所必需的,由于人工标注时存在一定主观性、非专业性、经验不足等,导致数据集中的样本标签可能存在一定噪声。

属性噪声只发生在样本的属性值中,标签噪声仅出现在数据的标签中。在噪声数据处理中比较少考虑同时具有属性噪声和标签噪声的情况。在机器学习中,标签噪声对学习性能的影响比属性噪声大,因此也得到更多的关注。

深入分析噪声产生的原因,有利于寻找更合理的数据噪声处理方法。根据现有的研究,主要有以下 4 方面。

(1)特定类别的影响,在给定的标注任务中,各类别样本之间的区分度不同,有的类别与其他类别都比较相似,就会导致这类样本标注错误率高。

(2)标注人为的因素,包括知识领域背景、任务分配等,有的标注任务比较专业化,需

要更高的专业水平。如果分配给标注人的标注任务过多,容易导致在后期产生标注疲劳,从而引发更多的错误。

(3) 少数类的标注更容易错误,这是由于少数类样本往往比较少见,标注者不容易进行判断,因此会使得标签噪声和非平衡问题混杂在一起。

(4) 训练数据受到了恶意投毒,当在对抗环境下应用机器学习模型时,攻击者往往会通过一些途径向数据中注入恶意样本,扰乱分类器的性能。第9章将会详细介绍这种数据攻击方式。

一般认为,数据质量决定了分类效果的上限,而分类器算法只能决定多大程度上逼近这个上限。因此,标签噪声对于机器学习任务有很大的影响。具体可以从以下两方面来解释。

(1) 最直接的影响就是分类器准确性下降,噪声标签扰乱了标签和属性之间的关系,而基于这种关系的分类器显然就难以提升分类性能。

(2) 训练特征空间和模型复杂性增加。由于标签和属性之间的关系变得不确定,对分类有用的特征属性提取也就变得不可靠,从而导致特征空间和模型复杂度的增加。

当然,噪声对不同分类器的影响也是不同的,KNN、决策树和支持向量机等受标签噪声的影响较大。对于集成学习来说,Boosting方法更容易受到标签噪声的负面影响,特别是AdaBoost算法,在迭代后期,算法会更多地关注错分类的样本,从而导致噪声样本的权值越来越大,降低了算法性能。而对于Bagging来说,训练数据集中随机加入少量的噪声样本,反而有利于增加Bagging中基分类器的差异性,最终可能提高整个学习模型的分类性能。

3.2　噪声处理的理论与方法

有时,训练数据中存在噪声是难以避免的,这样就提出了在噪声情况下机器学习的有效性问题。

L. G. Valian较早开始了恶意错误样本学习的研究,允许学习算法的样本中存在一定的错误样本,研究中假设每个错误是以固定的概率独立发生在每个样本上。噪声样本学习问题可以参考L. G. Valian提出的概率近似正确(Probably Approximately Correct, PAC)理论[1]。

"近似"是指在取值上,只要计算结果和真实值的偏差小于一个足够小的值就认为"近似正确",因此PAC理论不要求学习器输出零错误率,只要求错误率被限制在某常数 ε 范围内, ε 可为任意小。

根据PAC理论,有一个已经被证明的结论:对于任意的学习算法而言,假设训练数据的噪声率为 β,分类器的错误率为 ε,那么两者之间存在如下关系:

$$\beta \leqslant \frac{\varepsilon}{1+\varepsilon} \tag{3-1}$$

图3-1给出了噪声率和错误率(下界)之间的变化关系,从图中可以看出,机器学习系统允许训练数据存在一定噪声。但是当噪声率超过50%时,分类器已经100%错误了。基于这个出发点,在噪声数据处理中,一般假设噪声比例并不太高。

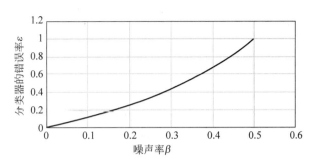

图 3-1 噪声率和错误率(下界)之间的变化关系

要提高学习系统的准确率,其中的途径之一便是减少训练数据的噪声水平。从技术方法的角度看,噪声学习的处理方法可以分为数据层面、算法层面和模型层面。在数据层面,使用各种方式识别噪声,经过清洗之后再训练模型;在算法层面,运用合适的算法进行噪声过滤;在模型层面,主要是构造并训练对噪声鲁棒的模型。

去除训练集中的噪声不但有助于改善分类器训练性能,而且对于机器学习模型在对抗环境下的防御策略也有显著作用。分类器的恶意攻击者可以在训练数据中添加带毒样本,可能表现为一种噪声,而进一步结合攻击者的目的、手段,可以更加有效地进行噪声过滤。因此,噪声过滤也是一种重要的机器学习攻击的防御方法,更多的防御方法将在第12章中介绍。

实际问题中,可以根据噪声程度、噪声类型、噪声产生原因等因素来选择噪声处理方法。由于在模型构建时,无法判断所使用的数据是否包含标签噪声,所以直接对标签噪声进行建模或在模型中考虑标签噪声的做法,并不能使模型的性能得到保障。因此,对噪声进行清洗再训练的方法比直接构建噪声鲁棒模型更常用。

3.3 基于数据清洗的噪声过滤

在这类方法中,一般假设噪声标签样本是分类错误的样本,因此就把噪声样本的过滤问题转换为普通的分类问题。这种方法的基本思路是消除或纠正训练数据中的错误标签,这个步骤可以在训练之前完成,也可以与模型训练同步进行。噪声去除方法具体包括直接删除法、基于最近邻的去噪方法和集成去噪法等。

1. 直接删除法

直接删除是一种最简单的噪声清洗方法,根据若干规则,直接在数据集中进行样本匹配,如果符合规则则认为是噪声并删除样本。

用于噪声清洗的规则基于两种情况:把看起来比较可疑的实例删除或者把分类错误的训练实例删除。在具体实现方法上,判断样本的可疑程度,可以使用边界点发现之类的数据挖掘方法。

该方法的主要问题在于容易造成数据样本数量减少,特别是对于训练样本本来就少的应用或是非平衡分类问题,简单地基于规则进行样本删除并不可取。

2. 基于最近邻的去噪方法

在第 2 章中提到了可以使用 KNN 及其改进方法来改善非平衡数据分布,其思路是利用样本分布中可能存在的异常来做相应的调整。噪声样本一般也会表现出异常的特征值,因此可以用最近邻方法来进行噪声过滤。

从 KNN 本身原理来看,k 越小,所包含的近邻数量越少,一旦有噪声样本,那么会导致附近的样本分类错误。如图 3-2 所示,黑圆和白圆表示两类已知标签的样本,a 是噪声样本。显然当 k 较小,如 $k=1$ 时,b 和 c 这两个样本都会被分为白圆样本,因为它们离噪声点 a 最近。当 k 大时,噪声点对 b、c 判断结果的影响就减小了。因此,KNN 当 k 较小时,噪声会导致其近邻样本分类错误。可以利用这种噪声敏感性进行噪声过滤,当发现若干样本分类错误都是由同一个邻居而引起时,那么这个邻居样本就可能是噪声。

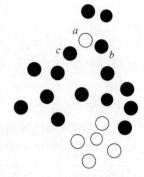

图 3-2 KNN(k 较小时)噪声的影响

KNN(k 较小时)是一种典型的噪声敏感模型,除此之外,在非平衡分类中提到了若干基于 KNN 的方法,包括浓缩最近邻 CNN、缩减最近邻 RNN、基于实例选择的 ENN 等,也都可以用于噪声过滤。除了 KNN 外,噪声敏感的分类器还有 SVM、AdaBoost,选择噪声敏感的模型有利于从训练数据中识别过滤噪声。

3. 集成去噪法

集成分类方法对若干弱分类器进行组合,根据结果的一致性来判断是否为噪声,也是一种较好的标签去噪方法。

对于给定的标签数据集,如何排除其中的噪声样本?主要的问题是集成分类器的选择和训练。根据所使用的训练数据,可以分为以下两类处理方法:①使用具有相同分布的其他数据集,当然该数据集必须是一个干净、没有噪声的数据;②不使用外部数据集,而是直接使用给定的标签数据集进行 K 折交叉分析。

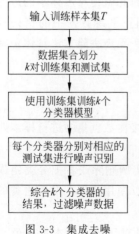

图 3-3 集成去噪

如图 3-3 所示,训练样本集即是标签数据集 T,包含标签噪声,但不需要人工标注是否有噪声,而是希望通过集成学习来过滤这些噪声样本。基于 K 折交叉分析的集成投票法首先对数据集进行划分,并分别划分出 k 组训练集和测试集,如图 3-3 是集成去噪的流程图。对于每一组划分得到数据集,分别训练基分类器,然后对于相应的测试集进行噪声检测。其中,检测的方法是基于每个基分类器的判定结果的一致性或多数情况,其基本出发点仍是错分即为噪声。对于一致投票而言,当所有的学习者都同意删除某个实例时,它就会被删除。对于多数投票,被超过半数的分类器错分的样本则可以视为标签噪声样本。

这种方法在标签数据集上就可以进行,但要求基分类器有一定的噪声鲁棒性,即少量的噪声不影响分类性能。从这个角度看,基于噪声数据清洗和鲁棒性模型的噪声处理方法在研究和应用上也不是完全独立的。在噪声清洗中使用噪声鲁棒性模型作为基分类器也许是一种不错的方法。

噪声鲁棒的分类器有神经网络、贝叶斯等。噪声鲁棒与否,除了与分类器类型有关,还与损失函数有关。对于均匀分布的标签噪声,0-1 损失和最小平方损失是抗噪声标签的,而指数损失、对数损失和合页损失等则不具备抗噪能力。

3.4 主动式噪声迭代过滤

基于数据清洗的噪声过滤方法的隐含假设是噪声为错分样本,把噪声和错分样本等同起来。这对于离群点噪声是合适的,但是数据中通常有些噪声和错分样本并没有明显差异,特别是位于分类边界的样本。在这种情况下,引入人类专家的交互来协助机器处理这类样本就显得非常有必要了[2,3]。

主动学习框架和理论为人类专家与机器学习的协作提供了一种有效的途径,它通过迭代抽样的方式将某种特定的样本挑选出来,交由专家对标签进行人工判断和标注,从而构造有效训练集。

如图 3-4 所示是一个主动学习框架,包含两部分:训练和查询。在训练环节,利用学习算法对已标注的样本进行学习获得分类器模型。由于通过人工标注获得了一定量的确定性标注样本,利用这些样本来提升未知噪声的检测效率是标注的目的,因此,主动学习的噪声过滤中的模型训练环节可以采用监督学习、半监督学习等方法。

在查询环节,基于模型通过运用样例选择算法从训练数据中选择一些需要人工确认的样本,由领域的专家进行标注确认。同时,将确认后的样本加入分类器的训练数据集中。如此重复迭代训练和查询,直到

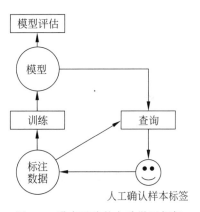

图 3-4 噪声过滤的主动学习框架

模型的泛化能力不再增强为止,这个终止条件的判断是在模型评估的基础上完成的。最终可以得到一个泛化能力比较强的分类器,同时完成噪声的处理。

在这个框架中,关键问题是如何选择需要人工确认的样本。一方面要尽可能过滤噪声;另一方面也要考虑人工标注的工作量。按照目前文献,查询策略主要有两类,即基于池的样本选择算法和基于流的样本选择算法。这两类策略分别对应流式的主动学习(sequential active learning)和基于池的主动学习(pool-based active learning)。

基于池的样本选择算法通过选择当前基准分类器最不能确定其分类类别的样例进行人工标注。基于流的样本选择算法按照数据流的处理方式,在某个时间窗内可以参照基于池的样本选择算法。具有代表性的基于池的样本选择算法有基于不确定性采样的查询方法、基于委员会的查询方法、基于密度权重的查询方法等,下面进行介绍。

1. 基于不确定性采样的查询方法

基于不确定性采样的查询方法的策略是将分类模型难以区分的样本提取出来,在衡量不确定性时可以采用的方法有最小置信度、边缘采样和熵。

1) 最小置信度

所谓最小置信度就是选择最大分类概率最小的样本,即

$$x_{LC}^* = \arg\max_x(1 - P_\theta(\hat{y} \mid x)) = \arg\min_x P_\theta(\hat{y} \mid x) \tag{3-2}$$

其中

$$\hat{y} = \arg\max_y(P_\theta(y \mid x)) \tag{3-3}$$

θ 是模型参数; x 表示样本; y 表示类别。

例如,两个样本 a、b 的类别概率分别为 $(0.71, 0.19, 0.10)$、$(0.17, 0.53, 0.30)$,那么根据最小置信度准则,应当选择样本 b,因为从最大概率来看,b 的不确定性大于 a。

2) 边缘采样

边缘采样是选择那些类别概率相差不大的样本。

$$x_M^* = \arg\min_x(P_\theta(\hat{y}_1 \mid x) - P_\theta(\hat{y}_2 \mid x)) \tag{3-4}$$

其中,$\hat{y}_1$、$\hat{y}_2$ 是样本 x 归属概率最大的两个类别。

对于上述 a、b 两个样本,应当选择 b,因为 $0.53 - 0.30 < 0.71 - 0.19$。对于二分类问题,边缘采样和最小置信度是等价的。

3) 熵

熵衡量了在每个类别归属概率上的不确定。选择熵最大的样本作为需要人工判定的样本。

$$x_H^* = \arg\max_x\left(-\sum_i P_\theta(y_i \mid x) \cdot \ln P_\theta(y_i \mid x)\right) \tag{3-5}$$

对于上述 a、b 两个样本,它们的熵分别是 0.789、0.999,可见 b 的不确定大于 a,因此也应当选择 b。

2. 基于委员会的查询方法

当主动学习中采用集成学习作为分类模型时,这种选择策略考虑到每个基分类器的投票情况。如图 3-5 所示,m 个基分类器给 n 个样本分类,要从中选择可能是噪声的样本。其基本依据是每个基分类器对每个样本的投票或分类结果 y_{ij}。相应地,通过基于投票熵和平均 K-L 散度来选择样本。

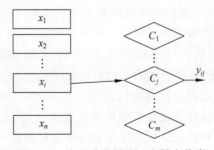

图 3-5　m 个基分类器给 n 个样本分类

对样本 x 计算投票熵时,把 x 的每个类别的投票数当作随机变量,衡量该随机变量的不确定性。

$$x_{\mathrm{VE}}^* = \arg\max_x \left(-\sum_i \frac{V(y_i)}{C} \cdot \ln\frac{V(y_i)}{C}\right) \tag{3-6}$$

其中,$V(y_i)$ 表示把 x 标注为 y_i 的分类器的个数;C 表示分类器总数。投票熵越大,就表示对分类结果越不确定,因此就越有可能被选择出来。

另外一种选择方式是基于平均 K-L 散度。

当每个基分类器为每个样本输出分类概率时,可以使用平均 K-L 散度来计算各个分类器的分类概率分布与平均分布的平均偏差。对于某样本,如果其平均偏差越大,则各分类器输出的概率分布的一致性越差,就越有可能被选择出来让人工进一步确认。

平均 K-L 散度的选择依据如下:

$$x_{\mathrm{K\text{-}L}}^* = \arg\max_x \left(\frac{1}{C}\sum_{c=1}^{C} D(P_{\theta^{(c)}}(y_i\mid x), P_C(y_i\mid x))\right) \tag{3-7}$$

其中,$D(,)$ 代表两个分布的 K-L 散度;$P_C(y_i\mid x)$ 是平均分布,即

$$P_C(y_i\mid x) = \frac{1}{C}\sum_{c=1}^{C} P_{\theta^{(c)}}(y_i\mid x) \tag{3-8}$$

3. 基于密度权重的查询方法

位于类别边界的噪声样本一般来说都是难以区分的,更需要由领域专家进行判断和标注,因此如何提升这部分样本被选择的可能性是设计主动学习选择策略的重要问题之一。

难以区分的类别边界样本一般都具有密度比较大的特点,因此基于密度权重的策略就是在基于不确定性采样的查询、基于委员会的查询的基础上进一步考虑样本密度的影响,优先选择所在区域密度高的样本。

用公式表示为

$$x_{\mathrm{ID}}^* = \arg\max_x \left(\phi_A(x) \cdot \left(\frac{1}{U}\sum_{u=1}^{U}\mathrm{sim}(x, x^{(u)})\right)^{\beta}\right) \tag{3-9}$$

其中,ϕ_A 表示使用不确定方法或委员会查询得到的样本判决函数;$x^{(u)}$ 是第 u 类的代表元,类似类中心点;U 表示类别个数;β 是一个参数;sim 是相似性计算函数。

4. 其他策略

其他经典的策略还有梯度长度期望(Expected Gradient Length,EGL)方法,根据未标注样本对当前模型的影响程度,优先筛选出对模型影响最大的样本;方差约简(Variance Reduction,VR)策略,通过减少输出方差能够降低模型的泛化误差。

3.5 噪声鲁棒模型

噪声鲁棒模型通过在分类模型中嵌入噪声处理的学习机制,使得学习到的模型能抵抗噪声。在机制设计上,可以从错误样本权重调整、损失函数设计等角度提升模型的噪声

鲁棒性。

3.5.1 错误样本权重调整

机器学习模型对训练样本进行拟合,以 SVM 为例,目标是学习一个函数 $f(x)=wx+b$,其中 w 可以看作适合所有训练样本的权重向量。当训练集中包含噪声样本时,必然会影响 w 的优化。如果在优化过程中,自动调整噪声样本的权重,那么就可以构建噪声鲁棒模型。然而这种优化方法,在不同模型中的设计方法也有所差别。这里以 AdaBoost 为例来介绍这种分析方法、设计思路和实现方法。

AdaBoost 是 Boosting 的自适应算法,它集成了若干基分类器,采用级联的方式进行模型训练。某个基分类器训练完成后,根据其测试结果提升错误分类的样本的权重,从而使得下一个基分类器在训练时更关注这些被错误分类的样本。

为了对它进行噪声鲁棒性改造,首先介绍该算法的具体过程,并分析该算法的噪声鲁棒性。下面给出 AdaBoost 算法的形式化描述,总体上看包含了初始化、迭代和集成三个主要步骤。

算法:AdaBoost

输入:训练数据集 $T=\{(x_i,y_i),i=1,2,\cdots,N\}$,基分类器的个数 M

输出:组合分类器 $G(x)$

1. 初始化

设置训练样本的初始权重为均等值,$w_{1i}=\dfrac{1}{N}$,并记相应的训练样本权重为

$$D_1=(w_{11},w_{12},\cdots,w_{1N})$$

2. 迭代

for $m=1$ to M ♯进行 M 轮迭代

(1) 使用 T 和 D_m 训练得到一个基分类器,记为 $G_m(x)$。

(2) 计算分类器 G_m 的分类错误率:

$$e_m=P(G_m(x_i)\neq y_i)=\sum_{i=1}^{N}w_{mi}I(G_m(x_i)\neq y_i) \tag{3-10}$$

如果 $e_m>0.5$,结束迭代。

(3) 计算分类器 G_m 在组合分类器中的重要性,即其权重系数:

$$\beta_m=\frac{1}{2}\ln\frac{1-e_m}{e_m} \tag{3-11}$$

(4) 计算训练集中每个样本的权重:

$$w_{m+1,i}=\frac{e^{-\beta_m y_i G_m(x_i)}}{Z_m}w_{mi} \tag{3-12}$$

其中,Z_m 是归一化因子,表示如下:

$$Z_m=\sum_{i=1}^{N}w_{mi}e^{-\beta_m y_i G_m(x_i)} \tag{3-13}$$

更新每个样本的权重,并记为 $D_{m+1}=(w_{m+1,1},w_{m+1,2},\cdots,w_{m+1,N})$。

3. 集成

构建组合分类器,表示如下:

$$f(x)=\sum_{m=1}^{M}\beta_m G_m(x) \tag{3-14}$$

最终的分类器记为

$$G(x)=\mathrm{sign}(f(x))$$

AdaBoost 在学习基分类器时,按照指数损失调整分类器的权重系数:

$$L=\sum_{i=1}^{N}\mathrm{e}^{-y_i(f_{m-1}(x_i)+\beta_m G_m(x_i))}$$

其中,$f_{m-1}(x)=\sum_{i=1}^{m-1}\beta_i G_i(x)$。

最小化损失后可以得到式(3-11)的分类器权重。由式(3-12)可以看到 AdaBoost 的样本权值调整方法。如果样本分类错误,$G_m(x_i)$ 与 y_i 异号,否则两者的计算结果同号。因此,当样本 x 分类错误时,其权值以 e^{β_m} 变化;而对于正确分类的样本以 $\mathrm{e}^{-\beta_m}$ 变化。并且,从上述算法流程及式(3-10)可以看出,$0\leqslant e_m\leqslant 0.5$,相应地,$\beta_m\geqslant 0$。因此,对于错误的样本,其权重 $w_{mi}>\mathrm{e}^0=1$,而分类正确的样本,其权值 $w_{mi}\leqslant\mathrm{e}^0=1$。

下面分析噪声数据对 AdaBoost 分类器的影响。

对于训练集中的噪声样本而言,其在每轮迭代过程中都很可能无法被正确分类,因此,每轮的权值会以 e^{β_m} 因子进行调整。假如每轮都被错误分类,则经过 t 轮后得到的权重为 $\mathrm{e}^{\beta_{m1}},\mathrm{e}^{\beta_{m2}},\cdots,\mathrm{e}^{\beta_{mt}}$,可见噪声样本的权重得到了快速增加而变得很大。最终,在算法流程中,当某次的基分类器错误率超过 0.5 时就停止迭代。

此外,当基分类器的错误率越高,其权重 β_m 越小,错误样本的权值就越小,正确分类的样本的权值就越大,两类样本的权值差异越小;反之,β_m 越大,两类样本的权值差异越大。β_m 对错误样本和正确分类样本的权值调整影响如图 3-6 所示,图中横坐标为 β_m。

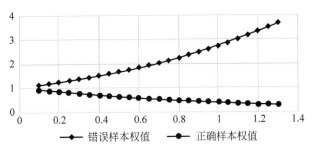

图 3-6 基分类器的权重对样本权重的影响

综上所述,根据 AdaBoost 的工作原理,可以发现 AdaBoost 串接的基分类器中,越往后面,错误标签的样本越会得到基分类器的关注。因此,当训练数据存在噪声样本时,噪声样本容易导致串接在后面的基分类器产生过拟合。从这个角度看,AdaBoost 是一个对标签噪声敏感的分类方法。

在提升 AdaBoost 的噪声鲁棒性时,可以利用这个特点,删除权重过高的样本或调整异常样本的权重来降低标签噪声的影响。基于这个思想,Domingo 和 Watanade 于 2000 年提出了 MadaBoost 算法[4],解决了 AdaBoost 的标签噪声敏感问题。针对噪声样本在后期的训练权重过大的问题,算法重新调整了 AdaBoost 中的权值更新公式,设置了一个权重的最大上限 1,限制标签噪声造成的样本权值的过度增加。

3.5.2 损失函数设计

在迭代学习中改变样本权值消除噪声数据影响的方法,虽然有一定依据,但是也容易造成样本权值的误调整。为此,可以从损失函数的设计角度进行改进,细化不同样本的权重调整方式。

损失函数也称为代价函数、误差函数,是学习理论中的重要概念,是一种衡量预测函数拟合真实值程度的一种函数。一般地,损失函数越小,模型拟合效果越好。

对于噪声鲁棒模型设计,最优的分类器应当能够对错误标签(噪声样本)进行误分,即具备纠正标签错误的能力。然而对于不完美的基分类器,噪声样本会被正确分类,从而导致其权重逐步下降而减少了被误分的机会。因此,可以从损失函数的角度对此问题进行纠正。

1. 在损失函数中处理噪声

为了设计合理的损失函数,从以下四种情况入手进行分析。

(1) 噪声样本被正确分类;

(2) 非噪声样本被正确分类;

(3) 噪声样本被错误分类;

(4) 非噪声样本被错误分类。

对于这四种情况,(1)(4)应增大损失,(2)(3)应减少损失,改进现有损失函数使之满足这些情况。全体样本根据其分类结果归属噪声或正常样本的可能性,调整其损失量化的增减方向,如图 3-7 所示。

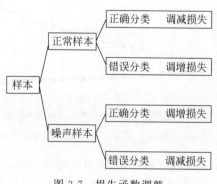

图 3-7 损失函数调整

在监督学习场景下,模型训练过程中要区分正确分类和错误分类两种情况是没有问题的。但是当没有正常与噪声的标注数据时,要进一步区分正常样本和噪声样本,就难以实现了。在这种情况下,只能依赖于先验知识、无监督或半监督信号。

1) 选择噪声敏感算法为每个样本打分

噪声敏感模型能够在一定程度上推测噪声的可能性,典型的方法有 KNN(k 较小时)、SVM、AdaBoost 等,有利于提高从训练数据中识别噪声的准确性。

2) 根据先验知识

把噪声置信度引入损失函数中。一般而言,分类算法所给出的信号可以用来定义噪声置信度。例如,在 KNN 中,通过样本 x 的最近 k 个邻居的标签分布来判断 x 为噪声的置信度,显然与 x 标签不同的邻居越多,噪声置信度就越大。

一些概率模型也可以用来量化噪声置信度。例如,EM 算法估算样本 z_i 属于类别 c 的概率为 $p(c|z_i)$,如果某个样本对每个类归属概率相差不大,那么其也具有一定的噪声置信度。

那么,如何把这些信息融合到分类模型的损失函数中呢? 这与损失函数的形式有关。由于 AdaBoost 对噪声敏感,有研究人员提出了基于噪声检测的 AdaBoost(ND-AdaBoost)[5]。在 AdaBoost 中集成了一个基于噪声检测的损失函数,以便在每个迭代步骤中更准确地调整权重分布。

ND-AdaBoost 在 AdaBoost 损失函数的基础上,增加了如下一个反映噪声置信度的因子。

$$\phi(x) = \text{sgn}(\bar{\mu} - \mu(x)) \tag{3-15}$$

其中,$\mu(x)$ 是样本 x 为噪声的置信度,可以用上述各种方法来衡量;$\bar{\mu}$ 是所有样本的噪声置信度的平均值;$\phi(x)$ 的取值范围为 $[-1,1]$,其中 -1 表示 x 为噪声,1 表示 x 为正常样本。在这个计算方法下,噪声置信度大于平均值的样本被视为噪声。

把置信度因子加入损失函数中,添加的方法是把 $\phi(x)$ 与分类器的结果相乘。

$$L = \sum_{i=1}^{N} e^{-y_i(f_{m-1}(x_i) + \beta_m G_m(x_i)\phi_m(x_i))} \tag{3-16}$$

其中,$f_{m-1}(x) = \sum_{i=1}^{m-1} \beta_i G_i(x)\phi_i(x)$。

重新整理式(3-16),可得

$$L = \sum_{y_i G_m(x_i)\phi_m(x_i) = -1} e^{-y_i f_{m-1}(x_i)} e^{\beta_m} + \sum_{y_i G_m(x_i)\phi_m(x_i) = 1} e^{-y_i f_{m-1}(x_i)} e^{-\beta_m} \tag{3-17}$$

可以看出,在第 m 次迭代时,有以下两种情况。

(1) 如果 x_i 被错分,即 $y_i G_m(x_i) = -1$,那么损失函数的第一项是计算正常样本的损失,第二项计算噪声样本的损失。对于正常样本而言,e^{β_m} 因子使得损失调增。对于噪声样本而言,$e^{-\beta_m}$ 得到损失调减。

(2) 如果 x_i 被正确分类,即 $y_i G_m(x_i) = 1$,那么损失函数的第一项是计算噪声样本的损失,第二项计算正常样本的损失。对于噪声样本而言,e^{β_m} 因子使得损失调增。对于正常样本而言,$e^{-\beta_m}$ 得到损失调减。

2. 损失函数的其他形式

在二分类问题中,基于损失函数的处理会使得模型对标签噪声的鲁棒性更好,0-1 损失对于对称或均匀标签噪声体现出良好的鲁棒性。使用不同损失函数训练模型,所得到的噪声敏感性会有一定差异,下面进行介绍。令 y 表示目标值,$f(x)$ 表示预测值。

假设有 N 个样本 $D=\{(x_i,y_i),i=1,2,\cdots,N\}$,学习到的模型是 $f(\cdot)$,那么 $y=f(x)$ 表示模型的预测值,则该模型的损失函数为 $L(Y,f(x))$,以下是不同的损失函数。

1) 0-1 损失函数

$$L(Y,f(x))=\sum_{i=1}^{N}l(y_i,f(x_i))$$

其中

$$l(y_i,f(x_i))=\begin{cases}1, & y_i \neq f(x_i) \\ 0, & y_i = f(x_i)\end{cases} \tag{3-18}$$

2) 绝对值损失

$$L(Y,f(x))=\sum_{i=1}^{N}l(y_i,f(x_i))$$

其中

$$l(y_i,f(x_i))=|y_i-f(x_i)| \tag{3-19}$$

3) 平均绝对误差(MAE)

$$L(Y,f(x))=\frac{1}{N}\sum_{i=1}^{N}|y_i-f(x_i)| \tag{3-20}$$

4) 平方损失函数

$$L(Y,f(x))=\sum_{i=1}^{N}(y_i-f(x_i))^2 \tag{3-21}$$

5) 均方误差

$$L(Y,f(x))=\frac{1}{N}\sum_{i=1}^{N}(y_i-f(x_i))^2 \tag{3-22}$$

6) 均方根误差

$$L(Y,f(x))=\sqrt{\frac{1}{N}\sum_{i=1}^{N}(y_i-f(x_i))^2} \tag{3-23}$$

7) 交叉熵损失
对于二分类,可表示为

$$L(Y,f(x))=-\frac{1}{N}\sum_{i=1}^{N}y_i\ln f(x_i)+(1-y_i)\ln(1-f(x_i)) \tag{3-24}$$

对于多分类,可表示为

$$L(Y,f(x))=-\frac{1}{N}\sum_{i=1}^{N}y_i\ln f(x_i) \tag{3-25}$$

8）指数损失

$$L(Y, f(x)) = \frac{1}{N} \sum_{i=1}^{N} e^{-y_i \ln f(x_i)} \tag{3-26}$$

9）Hinge 损失函数

$$L(Y, f(x)) = \sum_{i=1}^{N} l(y_i, f(x_i))$$

其中

$$l(y_i, f(x_i)) = \max(0, 1 - y_i f(x_i)) \tag{3-27}$$

由于损失函数是模型优化的依据，为了防止过拟合，往往都还需要在函数定义的基础上，添加正则化处理，提升模型参数的泛化能力，常用的有 L1、L2 范数。同时，正则化项之前一般会添加一个系数，由用户指定，用于平衡正则化的重要性。

参考文献

［1］ Kearns M J. The computational complexity of machine learning［M］. Cambridge：MIT Press，1990.

［2］ 袁龙. 基于主动学习的标签噪声处理技术研究［D］. 重庆：重庆邮电大学，2019.

［3］ 孟晓超. 基于主动学习的标签噪声清洗方法研究［D］. 太原：山西大学，2020.

［4］ Domingo C，Watanabe O. MadaBoost：A modification of adaBoost［C］. Proceedings 13th Conference on Computational Learning Theory. 2000：180-189.

［5］ Cao J J，Kwong S，Wan R. A noise-detection based AdaBoost algorithm for mislabeled data［J］. Pattern Recognition，2012，45：4451-4465.

第 **4** 章

小样本学习方法

在网络信息安全领域,由于隐私、数据处理代价等因素,经常导致机器学习中缺乏足够的训练样本。小样本学习(Few-Shot Learning,FSL)是人工智能中的新方法,对于解决训练数据不足的问题有一定的参考价值。本章主要从数据和模型等角度介绍小样本学习方法。

4.1 小样本学习基础

4.1.1 小样本学习的类型

从具体数据类型来分,目前在图像、音频方面的小样本分类已经有较多性能优异的算法模型;而在文本等其他类型方面的小样本分类不尽人意,仍然有很大的研究空间。

小样本学习(FSL)目前主要针对监督学习,包括小样本分类、小样本回归。在小样本监督分类中,通常将问题表述为 N-way-K-shot 分类,即分类问题包含 $N \times K$ 个训练样本,分别属于 N 个类别,每个类别有 K 个样本。特别地,当 $K=1$ 时,称为单样本学习(one-shot learning);当 $K=0$ 时,称为零样本学习(zero-shot learning)。零样本学习要求学习者具备充足的先验知识,例如词汇知识库 WordNet 以及各种词嵌入模型等。

4.1.2 小样本学习与其他机器学习的关系

小样本学习是针对样本少的场景而产生的,与其他的机器学习之间有一定的联系或相似。理清这些知识,对于实际中选择合适的方法是很有必要的。

1. 弱监督学习

弱监督学习是一个统称,它包含三种典型的学习任务,即不完全监督(incomplete

supervision)、不确切监督(inexact supervision)和不精确监督(inaccurate supervision)。

不完全监督是指训练数据中只有部分样本有标注;不确切监督是指标签具有一定粒度,但训练数据只给出了粗粒度标签;不精确监督是指给出的标签不总是正确的,存在错误标注的情况。

相比起来,小样本学习与不完全监督学习更相似,都是针对标注样本数量少的情景。但两者也有较大不同。弱监督学习只包含分类和回归,小样本学习还涉及强化学习。弱监督学习主要使用数据集中的未标注数据,而小样本学习则可以使用各种数据或模型做先验知识,包括预训练模型、其他领域的监督数据,不仅限于未标注的数据。

2. 非平衡数据

第2章介绍了非平衡数据的学习问题,可以看出,非平衡数据场景下,某个类别的样本数据很少,但这是相对于数据集中其他多数类而言的。而小样本学习中样本数量是"绝对"意义上的少。此外,非平衡问题主要是面向监督学习,而小样本则更广泛一些。尽管如此,非平衡数据和小样本都可以通过数据增强的思路来解决。

3. 迁移学习

迁移学习中,源领域的训练数据是充足的,而目标领域的训练数据少。如果把目标领域的学习看作小样本学习,把源领域的知识看作先验知识,那么迁移学习就是小样本学习。可见,迁移学习是解决小样本学习的一种途径。

4. 元学习

元学习是强化学习之后的一个机器学习重要分支,其目标在于利用以往的知识经验来指导新任务的学习,使得学习器具备学会学习的能力,是解决小样本问题常用的方法之一。常见的元学习场景有学习调参方法、学习选择特征的方法等。

4.1.3 小样本学习的 PAC 理论

在第3章噪声数据处理中,提到了 PAC(Probably Approximately Correct)理论,指出训练数据集中包含噪声时的学习性能。同样,PAC 理论也可以用于分析训练集中样本数量多少对学习性能的影响。

充足的标注样本是保证分类器成功的主要因素。在 PAC 计算学习理论中,把一个学习问题抽象为从一个大的假设空间 H 中选取一个好的假设 h。好的假设 h 应当满足以下两个条件。

(1) 近似正确。即存在一个很小的数 $0<\varepsilon<1$,使得泛化误差 $E(h)\leqslant\varepsilon$。

(2) 可能正确。即给定一个值 $0<\delta<1$,h 满足 $P(h$ 近似正确$)\geqslant1-\delta$。

两个条件综合起来,就是 PAC 可学习的基本要求,如下:

$$P(E(h)\leqslant\varepsilon)\geqslant1-\delta, \quad 0<\varepsilon,\delta<1$$

这两个常量可以理解为,ε 是最大错误率,δ 是置信度。

显然样本数量不足,模型学习无法获得特征空间中的真实分布,在 PAC 理论中,认为

一个好的假设 h 应当是泛化误差与经验误差的差异足够小。对此,有如下结论。

对于任意 ε,只要样本数量 m 足够大或者假设空间的大小 $|H|$ 足够小,泛化误差 $E(h)$ 与经验误差 $\hat{E}(h)$ 的差异 $|E(h)-\hat{E}(h)|\leqslant \varepsilon$ 发生的可能性就非常大。根据 PAC 理论有下式成立:

$$P(|E(h)-\hat{E}(h)|\leqslant \varepsilon)\geqslant 1-2|H|e^{-2m\varepsilon^2} \tag{4-1}$$

从式(4-1)和 PAC 的条件可知

$$\delta = 2|H|e^{-2m\varepsilon^2} \tag{4-2}$$

因此,可以得到样本数量 m 和泛化误差 ε、δ 之间的关系:

$$m \geqslant M = \frac{\ln\dfrac{2|H|}{\delta}}{2\varepsilon^2} \tag{4-3}$$

此为 m 的下界,这意味着只要样本数量 m 满足式(4-3),就能保证模型在当前条件下是 PAC 可学习的。从式(4-3)可以进一步发现,在假设空间不变的情况下,要把最大错误率降低 10%,所需要的样本数至少是原来的 1.23 倍。但减小假设空间的复杂度可以减小对学习样本数量的需求,这也是小样本学习的主要依据。

4.1.4　小样本学习方法体系

在机器学习中,不管是传统机器学习还是深度学习,样本数量不足都容易导致过拟合,影响模型的泛化能力。由于现实中样本获取需要一定的成本,因此小样本问题是机器学习应用不可回避的。

反观人类的学习过程,可以发现人类可以从很少的图片中抽象出一个新的概念,也可以从一篇文章中勾画出某个新的概念。例如告诉小孩带条纹的马叫作斑马,那么当他今后看到这种马的时候就会知道它是斑马。尽管我们目前对人类的学习机制还掌握得比较浅显,但对于机器而言,小样本学习应该也是可行的。

ACM Computing Surveys 中有一篇小样本学习的综述文章[1],文章中对当前 FSL 的解决办法从数据、模型和算法三个层面进行了归纳分析。由于样本少,因此在三个层面进行小样本处理都离不开先验知识。

在数据层面,主要思路是利用先验知识对训练数据进行增强;模型层面的方法围绕如何缩小假设空间大小展开,也离不开先验知识,包含了多任务学习、嵌入学习、生成式建模等;算法层面是基于先验知识在给定的假设空间中提升搜索效率,包含参数精炼等方法。

三个层面的解决方法研究中,有很多不同的处理方法,并且随着深度学习研究和应用的深入,不断有新的方法被提出来,属于前沿的研究方向。

4.2　小样本的数据增强方法

基于数据增强的小样本学习的基本策略是充分利用各种数据,基于先验知识进行小样本数据的扩充。根据数据来源不同,可以进一步分为三种策略,即对训练数据集进行变换、对相似数据集进行增强、对未标注数据集或弱标注数据集进行增强。

1. 对训练数据集进行变换

该策略只利用小样本数据集本身,而不借助其他数据集。变换方法依赖于数据类型。数据增强在语音和图像领域已经得到了广泛应用。针对语音数据,可通过快放、慢放、适量的噪声注入、声谱修改等方法进行数据增强以获得新的样本。针对图像数据,常见的图像增强变换方法包括欧氏变换(如平移、反转、旋转)、相似变换(如放缩、扭曲)、仿射变换、射影变换、裁剪和添加随机噪声等。图 4-1(a)～图 4-1(d)分别代表原图像及其欧氏变换(旋转)、相似变换(旋转＋均匀缩放)、仿射变换的结果。

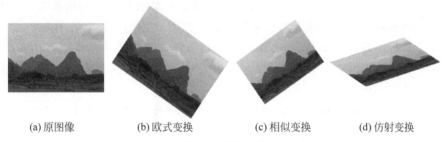

(a)原图像　　　　　(b)欧式变换　　　　　(c)相似变换　　　　　(d)仿射变换

图 4-1　图像变换

由于所包含的信息具有一定容错能力,图像和音频数据存在较多的转换方法来生成能被人类所接受的新样本数据。显然,这些变换方法很大程度上依赖于领域经验,并且与数据集相关。这些图像样本的增强之所以是可行的,是因为对于同一个物体,人们可以从不同的角度运用不同手段拍摄。

对于文本类型数据集而言,因为自然语言文本数据的符号性、离散性、组合性和稀疏性,使得文本数据增强比较困难。但变换的方法也是可行的。通用的自然语言文本数据增强方法主要包括同义词替换、否定反义词替换、句型转换、添加噪声、随机删除字词等。

词汇替换最直接简单的方法是使用人工词典,如中文的 HowNet、英文的 WordNet 等,也有不少的开发包都提供了对这些语料库进行同义词、反义词检索的 API,可以实现自动化替换。基于语料库的方法存在的问题是词汇量有限、一词多义。而基于词向量嵌入模型,如 Bert、word2vec 可以获得更多同义词。

句型转换方法也比较多见,例如"主动句"和"被动句"之间的转换,以及一些特定句法的转换,但需要一定的规则库来支持。

往文本中添加噪声的方法包括随机从文本中删除单词、随机插入单词、随机替换单词,还可以模仿错别字、拼写错误等。但是噪声的添加应以不影响人的正常阅读为前提,否则产生数据的过度增强。

2. 对相似数据集进行增强

当训练数据样本规模有限时,基于训练数据集本身进行变换就不合适了。如果实际中能找到与训练集相似的其他数据集,那么就可以利用这些相似类数据来增强小样本。例如,当旅游类型评论文本不足时,可以考虑利用酒店类的评论文本来增强。

在增强过程中,如何使用这些相似的数据是设计的核心。现有方法可以运用迁移学习进行跨域学习来实现数据增强。此外,也可以利用生成对抗网络(GAN)来生成 FSL 无法区分的(假)样本,例如,可以把旅游评论和酒店评论之间的映射关系用 GAN 的生成器和判别器来描述。在训练完成后,利用生成器来生成样本。

3. 对未标注数据集或弱标注数据集进行增强

弱监督学习中常用的方法包括主动学习、半监督学习、多示例学习和噪声学习等,解决了未标注数据的利用、标签的粒度以及噪声的存在问题。在小样本学习中,如果数据也存在这些问题,当然就可以基于弱监督学习充分利用这些数据来增强小样本数据。

未标注数据的利用方法,第一种是基于分类器进行高可信度样本的扩充。这里的可信度是指分类器在判断一个样本的归属时的某种依据,例如与分类面的距离等,离分类面越远的样本具有越高的分类可信度,因此可以将该样本作为新样本来增强小样本数据。一般做法是使用小样本数据集训练分类器,基于该分类器从无标签数据集中挑选高可信度样本从而完成小样本的扩充。

第二种方法是使用半监督学习,这种学习方法基于所谓的三大假设:平滑假设(相似的数据具有相同的标签)、聚类假设(同一聚类中的数据有相同标签)、流形假设(同一流形结构下的数据具有相同标签)。

如图 4-2(a)所示是小样本的情景,两个类,每个类只有三个样本,图中展示了在有限的样本时学习到的分类器。如果该数据集除了有标签的样本外,还存在较多的未标签数据,假设是如图 4-2(b)所示的灰色样本点,那么就可以运用半监督学习来扩充训练数据,并得到更准确的分类器。

半监督算法有很多,如果对这些数据运用聚类算法,可以扩充黑色和白色样本的簇,然后根据簇内的部分已知标签的样本,把其他没有标签的样本设置为相同标签,从而完成样本增强。聚类算法的特征及参数都会影响数据增强的质量,例如 DBSCAN 可以发现非球形簇,K-means 的簇一般呈球形,如果所选择的聚类算法与输入数据分布类似,那么数据增强的效果会好。

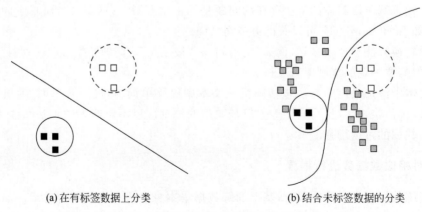

(a) 在有标签数据上分类　　　　　(b) 结合未标签数据的分类

图 4-2　半监督学习

另一种常用的方法是标签传播算法(Label Propagation Algorithm,LPA),它是一种基于图的半监督学习算法,也可以在 FSL 问题中使用。其基本假设仍然是相似的数据应该具有相同标签。用已标记节点的标签信息去预测未标记节点的标签信息,包含以下两个主要步骤。

(1)为所有的数据构建一个图,图的节点就是一个数据点,包含有标签和无标签的数据。节点 i 和节点 j 的边表示它们的相似度。相似度的计算方法如式(4-4)所示,其中 α 是超参数。所构造的图可以是完全图,也可以是稀疏图。

$$w_{ij} = e^{-\frac{\|x_i - x_j\|^2}{\alpha^2}} \tag{4-4}$$

(2)进行标签传播,构造数据点的相似矩阵 $W = [w_{ij}]$,边的权重越大,表示两个节点越相似,那么样本标签就越容易影响邻接节点,即将标签值传播给邻接节点,传播能力可以用概率来衡量,如式(4-5)所示。因此,标签数据就像一个源头,可以对无标签数据进行标注。该算法简单易实现,算法执行时间短,复杂度低且分类效果好。

$$p_{ij} = p(i \rightarrow j) = \frac{w_{ij}}{\sum_{k=1}^{n} w_{ik}} \tag{4-5}$$

4.3 基于模型的小样本学习

对于给定的小样本训练集 D_{train},其模型应该从一个尽量大的假设空间中选择,但是大的假设空间使得标准机器学习方法变得不可行,因此,FSL 模型层面的各种方法研究如何利用先验知识限制假设空间大小,从而减小对样本数量的需求。

模型层面的方法主要有多任务学习、嵌入学习、生成式模型等,这三类方法所使用的先验知识和对假设空间的限制如表 4-1 所示。可以看出,多任务学习使用其他任务和数据集,嵌入学习使用从其他任务学习到的嵌入模型,生成式模型把从其他任务学习到的模型作为先验知识。利用这些先验知识,小样本学习模型从参数共享、分布形态等来限定模型假设空间规模。

表 4-1 先验知识和假设空间的限制方法

学 习 方 法	先 验 知 识	模型假设空间的限定
多任务学习	其他学习任务及其数据集	在不同任务的模型之间共享参数
嵌入学习	从其他任务获得嵌入信息表示或与其他任务一起学习嵌入表示	把样本投影到嵌入空间,提高样本之间的可辨别能力
生成式模型	从其他任务学习到的先验模型	模型参数分布形式

以下主要介绍多任务学习、嵌入学习和生成式模型的原理和技术方法。

4.3.1 多任务学习

1. 多任务学习定义

多任务学习(Multi-task Learning,MTL)是指给定 m 个学习任务,其中所有或部分任务有一定相关,但并不完全一样,学习的目标是通过使用这 m 个任务中包含的知识来帮助提升各个任务的学习性能。如图 4-3 反映了传统机器学习的单任务学习和多任务学习的差异。在单任务学习中,每个任务的学习是独立进行的。而 MTL 中每个任务是相关的,在学习过程中把这些任务当作一个整体,借助各个任务之间的内在关联,充分利用不同任务之间拥有的共同特征。

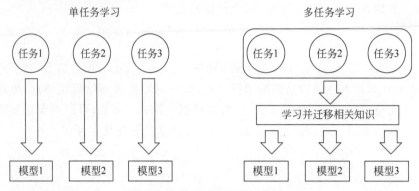

图 4-3　单任务学习和多任务学习

把各个任务当作一个整体,并不是简单地把每个任务的数据汇总在一起进行单任务学习,而是保留每个任务的目标。在学习中,既考虑到不同任务所拥有的共同特征,又考虑各个任务独有的特征。既学习底层的共同特征表示,又能学习到泛化能力更强的特征,从而提升各个任务的表现。

运用多任务学习方法来解决小样本问题时,要进一步区分目标任务和源任务,在学习中这些任务及特征的处理方法有所不同。我们把小样本学习任务称为目标任务,把其他任务称为源任务。整个多任务学习的目的是以提升目标任务的学习性能为主,同时也兼顾源任务的学习性能。之所以这样区分,是考虑到小样本学习任务作为主要任务,在处理所有任务的共同特征时,小样本任务的特征具有主导作用。

现有的多任务学习方法有多种,可以从不同角度来分类。

从学习任务的类型的角度,可以将多任务学习分为多任务监督学习、多任务无监督学习、多任务半监督学习和多任务主动学习和多任务强化学习等。

从特征处理的角度,可以分为特征提取法和特征选择法。其中,特征提取对多任务的原始特征进行变换得到共同特征表示,学习到的每一个特征不同于原有特征。而特征选择是从原有特征中选择部分子集作为所有任务的共同特征。

与多任务学习比较相似的是迁移学习,它们的相同之处是知识的迁移,要求源问题和目标问题之间的相似性或相关性。不同之处在于,迁移学习的目的只是提升目标任务的学习性能,而多任务学习的目的在于同时提升源任务和目标任务的学习效果。

2. 小样本学习的多任务方法

运用多任务学习解决小样本学习问题时,把 FSL 任务作为目标任务,其他任务作为源任务,这些任务必须具备一定的相似性。图 4-4 是三个相关任务的多任务学习[1],其中,目标任务是一个小样本学习任务。为此,增加另外两个分类源任务作为先验知识。需要保证所选择的这两个分类任务的数据集与小样本有一定相似,例如对于小狗图片分类的目标任务,可以选择小猫、小兔等图片分类作为源任务,这样每个任务抽取出的特征就可以在不同分类任务中共享。

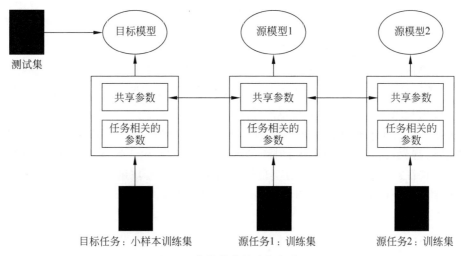

图 4-4 参数共享的多任务学习

在多任务学习中选择什么样的模型是一个重要问题,深度学习模型相比于统计学习模型,更适合用于多任务学习中。深度学习模型具有一定层次结构,每个层面表达了输入数据的不同层面的抽象特征。一般来说,位于底层的特征比位于高层的特征更具有通用性。因此,这种模型结构与多任务学习的参数共享机制可以有效结合起来。把底层的共性通用层参数在不同任务之间共享,而任务相关的高层特征则在各自任务中单独处理。由于源任务的数据通常较多,因此在共性特征共享时,先由源任务训练参数,然后复制给目标任务。目标任务更新任务相关的层模型,而源任务可以同时更新共享和任务相关的层。

从深度学习模型结构看,这种方法在多个任务之间共享底层的隐藏层,并且针对不同任务设计不同的高层神经网络来解决各自任务问题,这种方式能够显著降低过拟合的风险。当参与学习的任务越多,模型学习到一个对所有任务均有效的表征就越困难,从而可以减小过拟合原始任务的风险。

然而,参数共享实际上是强制目标模型中的某些参数与源模型相等,是一种比较严格的正则化方法。除了参数共享外,也可以采用弱化一些的方式,如参数绑定。每个任务有其各自的参数和模型,对各个模型的参数施加正则。其目的是使任务之间的参数尽可能相似,而非完全相同,可以通过惩罚参数差异的正则化方式来实现。

此外,采用多任务学习时,所有的任务必须联合训练,因此训练代价高、过程慢。

3. 共享参数的多任务学习例子

清华大学研究团队在自动罪名预测方面所提出的多任务学习[2],解决了根据案件事实描述文本来自动地决定刑事案件中被告罪名的问题。这是一个自然语言文本分类问题,但有些类型的案件样本数量很多,有的却很少。其看似是一个非平衡分类问题,但由于文本特征维度很大,非平衡处理方法并不会太有效。因此,应把它归入小样本问题,并运用小样本学习方法来解决某些类别样本不足问题。

罪名的预测利用文本中的各种特征,包括案件相关的浅层文本特征(词、短语)和属性特征(日期、地点、类型等)。但是对于少数类案件来说,样本数量还不足以支撑类别的识别。

为此,文章建立了多任务学习框架,利用相似或相关任务来提高小样本学习效率。除了文本分类任务本身外,还应当选择其他任务,才能构建多任务学习。选择什么样的任务,取决于这些任务的学习能否给少数类案件罪名预测带来新的有价值的特征。当然,这种特征应当是蕴含特征,否则就可以直接从文本中提取了。

考虑到案件事实描述文本中包含着一些属性,例如是否有买卖行为、是否有暴力行为、是否引起死亡、是否以盈利为目标、是否非法占有等,用于判断这些属性值(Y/N)的蕴含语义特征对于提高基于文本分类的罪名可能会有积极作用。因此,该文章把这些属性分类作为一个任务,与文本分类任务组合在一起,形成多任务学习框架,如图 4-5 所示。

图 4-5(彩)

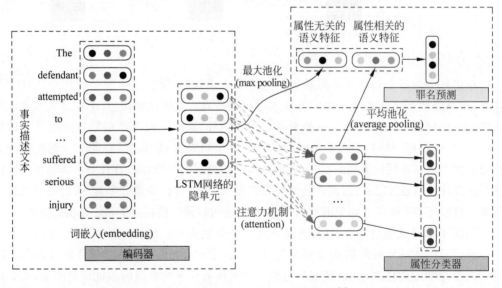

图 4-5 罪名预测的多任务学习框架[2]

图 4-5 中,案件事实文本首先经过 LSTM 的隐单元(hidden states)获取语义信息。然后分别进行两个任务的学习,一是经过最大池化(max pooling)获得与属性无关的表示,二是通过注意力机制(attention)获得能表达各个属性的语义特征,使用 softmax 进行 Y/N 分类。同时,把属性相关的语义特征与属性无关的语义特征进行拼接,最后也是使用 softmax 进行罪名预测。这里,源任务是属性分类,目标任务是罪名预测。源任务中学习到的特征通过平均池化(average pooling)的方式共享给罪名预测任务。而属性无关的表示可以看作与罪名识别任务相关的特征。

在两个任务学习时,模型优化的目标涉及两部分,分别是罪名标注与真实罪名的交叉熵、每个属性标注与真实属性值的交叉熵,因此对于给定 C 个罪名、k 个属性的标注训练数据集,模型的目标函数由两部分组成。

罪名预测的损失函数如下:

$$L_{\text{charge}} = -\sum_{i=1}^{C} y_i \log(\hat{y}_i) \tag{4-6}$$

其中,y_i 是针对标签;$\hat{y}_i$ 是预测概率;C 是罪名数量。

对于属性预测而言,每个属性在模型中具有相同的重要性,因此可以通过简单地求交叉熵的和来定义损失函数。但是,并不是每个罪名都有相应的属性,因此在定义属性损失函数时,只考虑存在于罪名中的属性的交叉熵。

$$L_{\text{attr}} = -\sum_{i=1}^{k} I_i \sum_{j=1}^{2} z_{ij} \log(\hat{z}_{ij}) \tag{4-7}$$

其中,I 是一个指示函数,如果属性存在于罪名中则 $I=1$,否则为 0;z 是真实属性值(Yes/No)的概率分布;$\hat{z}$ 是预测值的概率分布。

最后,通过超参数进行求和得到多任务学习的损失函数,其中 α 用于调整源任务对整个任务损失的影响。

$$L = L_{\text{charge}} + \alpha L_{\text{attr}} \tag{4-8}$$

4.3.2 嵌入学习

Embedding 的早期研究是矩阵分解,如奇异值分解(SVD),把输入矩阵转换为某种空间中的隐含表示,从而把每个原始样本映射到低维的稠密空间,即嵌入表示,从而使得相似的样本更加紧密靠近,差异大的样本则更容易区分。

嵌入学习(embedding learning)则是在低维稠密空间学习的方法。它首先把原始样本嵌入低维空间,减少了假设空间的复杂度。根据 PAC 理论,在低维空间中学习就不需要那么多样本,这是它解决 FSL 问题的根本思路。当然,如何学习到这种嵌入的映射关系,仍需要充足的样本,只是这些样本可以来自 FSL 任务之外,只要是与 FSL 相关或相似的都可以。而 SVD 之类的降维表示是依赖于给定的数据集本身,样本的低维表示与给定的数据集密切相关。这也是嵌入学习与普通降维(SVD、PCA 等)的主要差别。

嵌入学习的基本过程如图 4-6 所示,把小样本和测试样本嵌入低维空间,在低维空间中基于相似度对测试样本进行预测[1]。

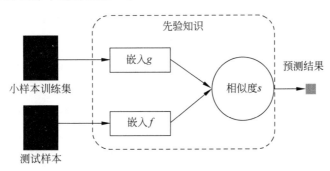

图 4-6 嵌入学习的基本过程

因此,对于嵌入学习而言,其基本要素如下:

(1) 嵌入测试样本 x_{test} 到低维空间 Z 的函数 f;

(2) 嵌入训练样本 x_i 到低维空间 Z 的函数 g;

(3) 在低维空间 Z 中度量 $f(x_{test})$ 和 $g(x_i)$ 相似度的函数 s。

根据相似度函数的值,当 $f(x_{test})$ 与 $g(x_i)$ 最相似时,将 x_{test} 的标签指定为 x_i 的标签。f 和 g 可以使用相同的嵌入函数,也可以使用不同的嵌入函数,但不同的嵌入函数能获得更高的精度。

常用的 f 和 g 有 CNN、LSTM、biLSTM、GNN、kernel 函数等。

常用的相似度函数有余弦相似度、高斯相似度、L1 距离(曼哈顿距离)、加权 L1 距离、L2 距离(欧氏距离)、L2 距离平方等。

将嵌入学习应用到 FSL 的时候,根据 f 和 g 是否跨任务变化,可以分为以下三种。

(1) 任务相关的嵌入模型:只使用 FSL 任务中的数据训练嵌入模型。

(2) 任务无关的嵌入模型:从其他大规模数据集学习嵌入函数。对于从大规模数据集训练得到的嵌入函数,可以直接用在小样本学习中,而不需要再进行重训练。

(3) 混合嵌入模型:前两种模型的集成。例如,仍使用小样本数据训练得到嵌入函数 f,而 g 使用其他外部大规模数据集训练。

4.3.3 生成式模型

生成式模型(generative modeling)从数据的生成机制来建立数据分布,典型的生成式模型有隐马尔可夫模型、LDA 和生成对抗网络(GAN)等。

假设少数类样本 x 来自某个分布 $p(x;\theta)$,如果能估计出该分布,那么就可以用它来做小样本分类或样本生成了。生成式模型引入隐变量来代表数据生成的相关因素,并描述该隐变量与已有的数据特征变量之间的关系,从而构建数据的生成机制。假设 z 就是这样的隐变量,那么少数类样本的分布可以写成式(4-9)。

$$p(x;\theta) = \int_z p(x \mid z;\varphi) p(z;\tau) \qquad (4-9)$$

其中,φ 和 τ 是模型的参数。

由于隐变量描述数据的生成机制,因此,必定存在两个不同的数据集,它们来自不同领域,虽然数据特征、格式等方面完全不同,但是它们具有相同或类似的生成机制。那么就可以基于这个结论来为小样本数据寻找与之具有相同或相似生成机制的其他数据集。例如,图书评论和酒店评论虽然归属两个不同的领域,但是从评论文本的生成机制看,用户发表评论是出于对产品、服务、质量等的总结或期望,因此这些可以归结为隐变量。

如图 4-7 所示,先利用其他相同或相似领域的数据进行生成式模型的构建,即获得 z 及其分布 $p(z;\tau)$,学习到生成机制,然后把生成机制复制给小样本学习,从而学习到小样本的分布 $p(x;\theta)$。

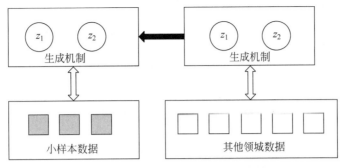

图 4-7　基于生成式模型的小样本学习

4.4　基于算法的小样本学习

在算法层面解决小样本学习问题的基本思路是提高在假设空间搜索模型参数的效率和准确性。由于小样本学习中模型结构一般都很复杂,其目标函数的优化求解也存在一定不确定性。考虑到通过目标函数在假设空间内搜索最佳模型参数,通常的求解常用方法是梯度法,例如 SGD。此类方法在每次迭代时利用目标函数在前一个样本的函数值来决定优化的方向和步长,一般的迭代公式如下:

$$\theta_{i+1} = \theta_i - \varepsilon \cdot \nabla_{\theta_i} J(x_{i+1}, y_{i+1}, \theta_i) \tag{4-10}$$

因此,当监督信息 (x, y) 不充足时,所获得的经验最小化是不可靠的。因此,针对梯度方法,减小优化中的不确定性因素的方式如下:一是提高迭代中的初始参数 θ_0 的准确性;二是获得搜索步长 ε 的控制。

小样本学习的基本策略是依靠先验知识,因此,在解决这两个不确定因素时也可以基于先验知识来改善参数的选择与计算。根据先验知识影响搜索策略的方式,可以把算法层面的方法分为三类。

(1) 通过其他任务的先验知识学习初始值 θ_0,再使用 FSL 训练数据进行参数的求精(refine)。在求精过程中,要避免在小样本训练集上产生过拟合。主要的策略如下:在验证集上的性能不再提升时停止迭代、选择性更新 θ_0、更新 θ_0 的相关部分、使用模型回归网络。

(2) 初始值通过元学习器得到,再使用 FSL 训练数据进行参数的求精,但元学习器本身需要基于一定的关于初始值和求解效果所构成的数据集来学习得到。

(3) 通过学习优化器,获得每个步骤的步长。

4.5　小样本学习的相关资源

目前小样本学习研究得较多的是图像分类,图像分类中有一些比较常用的标准小样本数据集,包括 miniImageNet、CUB、tieredImageNet、CIFAR-100 等。这些数据集的大体情况介绍如下。

　　miniImageNet 是 Google DeepMind 研究组的 Oriol Vinyals 等从 ImageNet 中提取出来的一个缩减版本,包含 ImageNet 的 100 个类别,每个类别有 600 幅图像,每张图像的大小是 84×84。

　　CUB 即 Caltech-UCSD Birds,是一个鸟类图像数据集,共有 200 种鸟类的 11 788 幅图像。用于训练、验证和测试的数据一般是 130 类、20 类和 50 类。

　　tieredImageNet 也是 ImageNet 的子集,与 miniImageNet 不同的是该子集包含 608 个类别。

　　CIFAR-100 共有 100 个类别,每个类别有 600 幅图像。网站同时提供了 Python、MATLAB 和 C 语言的数据访问 API[3]。每个类别有 500 幅图像用于训练、100 幅图像用于测试,每幅图像带有两个标签,表示图像归属的子类和父类。

参考文献

[1]　Wang Y Q,Yao Q M,Kwok J T,et al. Generalizing from a few examples: a survey on few-shot learning[J]. ACM Computing Surveys,2020,1(1),Article 1.

[2]　Hu Z K,Li X,Tu C C. Few-shot charge prediction with discriminative legal attributes[C]. In Proceeding of ACL,2018:487-498.

[3]　The CIFAR-10 dataset[EB/OL]. [2021-11-2]. http://www.cs.toronto.edu/~kriz/cifar.html.

第三部分
人工智能用于网络安全的攻击与防御

第 **5** 章

基于机器学习的安全检测

随着网络空间安全问题向复杂化、社会化等趋势发展,在网络攻击与防御中运用人工智能技术越来越成为非常必要的选择。而许多网络空间安全问题的检测识别都可以归结为分类问题,进而运用分类器相关理论和技术来解决。本章以网络入侵、SQL 注入以及虚假新闻的检测为例介绍机器学习分类器技术的运用方法,涉及网络层、应用层和内容层。

5.1 网络入侵检测

5.1.1 概述

入侵检测是网络安全中的经典问题,入侵是指攻击者违反系统安全策略,试图破坏计算资源的完整性、机密性或可用性的任何行为。由定义可见,入侵并非一种特定的入侵行为,而是一类入侵行为的统称。常见的网络攻击方式包括拒绝服务攻击、伪装身份入侵等。

入侵检测系统(Intrusion Detection System,IDS)是一种网络安全设备,可以对入侵行为进行实时监测,并在必要时发出告警或采取防御措施,切断入侵者的网络访问。最早IDS 系统的相关介绍由 Denning 于 1980 年发表于 IEEE 软件工程汇刊上。

IDS 有多种不同的划分方法,可以根据信息来源、检测方法、体系结构进行分类。根据信息来源可分为基于主机的 IDS、基于网络的 IDS 和混合型 IDS;根据检测方法可分为异常检测和误用检测;根据体系结构的不同,可以分为集中式 IDS 和分布式 IDS。以下对这些主要 IDS 模型进行介绍。

(1) 异常检测(anomaly detection):这种方法要求先建立正常行为的特征轮廓和模式表示,然后在检测时将具体行为与正常行为进行比较,如果偏差超过一定值,则认为是入侵行为,否则为正常行为。这种检测模型不需要对每种入侵行为进行定义,能有效检测未知的入侵,因此漏报率低,但误报率高。

(2) 误用检测(misuse detection):事先构建异常操作的行为特征,建立相应的模式特征库。当监测到的用户或系统行为与特征库中的记录相匹配时,则认为发现入侵。与异常检测方法相反,这种方法误报率低、漏报率高。

(3) 基于主机的 IDS:其数据来源于计算机操作系统的事件日志、应用程序的事件日志、系统调用、端口调用和安全审计记录。因此,这种 IDS 是对主机入侵行为的检测。

(4) 基于网络的 IDS:这种 IDS 用于检测整个网段的入侵信息。其数据来源于网络通信数据包,由部署于网络的数据包采集器嗅探网络上的数据包。这种数据包涵盖了各种类型网络的请求和响应记录,通常由 IP 地址、端口号、数据包长度等信息组成。

(5) 混合型 IDS:前述各种 IDS 都存在一定不足,各有其优势和缺点,因此混合型 IDS 能够较好地整合各自的优势。混合的方式有基于网络和基于主机的混合或者异常检测和误用检测的混合。

不管是哪种类型的 IDS,其工作过程大体是相同的,可以分为三个主要的环节,即信息收集、分类检测和决策,其中分类检测和决策环节是 IDS 的关键,都需要一定的人工智能技术来支持。

(1) 信息收集:入侵检测的第一步是信息收集,收集内容包括系统、网络、数据及用户活动的状态和行为。由放置在不同网段的传感器或不同主机的代理来收集信息,包括系统和网络日志文件、网络流量、非正常的目录和文件改变、非正常的程序执行。

(2) 分类检测:收集到的有关系统、网络、数据及用户活动的状态和行为等信息被送到检测引擎。检测引擎根据不同的检测机制进行检测,典型的方法有模式匹配、监督学习模型、半监督学习模型和离群点检测等。当然,在执行分类之前,需要在系统后台先进行模型训练,其可以离线完成。

(3) 决策:当检测到某种入侵行为时,控制台按照告警产生预先定义的响应措施,可以是重新配置路由器或防火墙、终止进程、切断连接、改变文件属性等,也可以是简单地发送告警。决策最主要的问题在于,检测器的召回率和准确率并不会达到 100% 的效果,导致决策时可能产生不合适的措施。

5.1.2　数据集

一般认为数据质量决定了机器学习性能的上限,而机器学习模型和算法的优化最多只能逼近这个上限。因此在数据采集阶段需要对采集任务进行规划。在数据采集之前,主要是从数据可用性、采集成本、特征可计算性、存储成本的角度进行分析,以获得尽可能多的样本特征为基本目标。

入侵检测的数据采集方法取决于入侵检测系统的类型,即网络入侵检测和主机入侵检测系统。对于网络入侵检测,采用网络嗅探、网络数据包截获等方法获得流量数据。对于主机入侵检测,采用的方法比较灵活,既可以是操作系统的各种日志,也可以是某些应用系统的日志,还可以通过开发驻留于主机的应用软件等方法获得主机数据。因此,与网络连接、网络请求有关的特征,以及各类日志中的特征都是入侵检测常用的数据源。

这里介绍入侵检测领域常用的数据集,包括 NSL-KDD 等,这些公开的数据集为帮助研究人员比较不同的入侵检测方法提供了基准。NSL-KDD 数据集是通过网络数据包提取而成,由 M. Tavallaee 等于 2009 年构建,它克服了更早之前 KDD Cup 99 数据集中存在的一些问题。

NSL-KDD 共使用 41 个特征来描述每条流量,这些特征可以分为三组。

(1) 基本特征(basic features),从 TCP/IP 连接中提取。

(2) 流量特征(traffic features),与同一主机或同一服务相关。

(3) 内容特征(content features),反映了数据包中的内容。

除此之外,每条流量都带有一个标签,即 normal 和 anomaly,表示相应的流量为正常或异常。因此 NSL-KDD 是一个二分类的异常检测数据集。

从特征工程的角度看,NSL-KDD 实际上已经完成了特征工程中的特征可用性、特征采集,以及衍生特征的定义和计算。使用该数据集进行检测实验,只要从特征清洗、特征选择或特征提取开始就可以。

NSL-KDD 每条流量的 41 个特征的含义如表 5-1 所示,表中列出了特征名称及其类型,其中 continuous 是连续数值型,symbolic 是符号类型。例如,protocol_type 属于 symbolic 类型,它的取值范围是 {'tcp','udp','icmp'},是一种枚举值。

表 5-1　NSL-KDD 特征

特　　征	类　　型	特　　征	类　　型
duration	continuous	is_guest_login	symbolic
protocol_type	symbolic	count	continuous
service	symbolic	srv_count	continuous
flag	symbolic	serror_rate	continuous
src_bytes	continuous	srv_serror_rate	continuous
dst_bytes	continuous	rerror_rate	continuous
land	symbolic	srv_rerror_rate	continuous
wrong_fragment	continuous	same_srv_rate	continuous
urgent	continuous	diff_srv_rate	continuous
hot	continuous	srv_diff_host_rate	continuous
num_failed_logins	continuous	dst_host_count	continuous
logged_in	symbolic	dst_host_srv_count	continuous
num_compromised	continuous	dst_host_same_srv_rate	continuous
root_shell	continuous	dst_host_diff_srv_rate	continuous
su_attempted	continuous	dst_host_same_src_port_rate	continuous
num_root	continuous	dst_host_srv_diff_host_rate	continuous
num_file_creations	continuous	dst_host_serror_rate	continuous
num_shells	continuous	dst_host_srv_serror_rate	continuous
num_access_files	continuous	dst_host_rerror_rate	continuous
num_outbound_cmds	continuous	dst_host_srv_rerror_rate	continuous
is_host_login	symbolic		

从 https://www.unb.ca/cic/datasets/nsl.html 下载数据文件,该数据压缩文件中包含的文件说明如下。

KDDTrain + .TXT:是完整的 NSL-KDD 训练集,除了 41 个特征外,还包括数据包类型的标签和难度等级。其中,数据包类型有 normal,以及 back、buffer_overflow、guess_passwd、portsweep、rootkit、satan、smurf、teardrop、warezclient、warezmaster 等入侵类型。难度等级表示每条记录分类时判断的难易程度,是一个[0,21]范围内的整数,数值越大表示该记录越容易分类,0 是最不容易分类的。整个数据集共 125 973 条记录,难度等级小于 15 的记录占 2.94%,可以看出绝大部分记录的分类标签都是比较确切的。

KDDTrain + .ARFF:与 KDDTrain + .TXT 大致相同,只是每条记录不包含难度等级,同时数据包类型的标签被归类为 normal 和 anomaly 两种。该文件带有 41 个特征的属性名和类型描述,可以直接在 Weka 中使用。

KDDTrain + _20Percent.TXT:是 KDDTrain + .txt 文件的 20%子集,实际上是 KDDTrain + .txt 前 20%的记录。

KDDTrain + _20Percent.ARFF:是 KDDTrain + .arff 文件的 20%子集。

KDDTest + .TXT:是完整的 NSL-KDD 测试集,包括攻击类型的标签和 CSV 格式的难度等级。

KDDTest + .ARFF:是完整的 NSL-KDD 测试集,带有 ARFF 格式的二进制标签。

KDDTest-21.TXT:是 KDDTest + .txt 文件的子集,其中不包括难度级别为 21 的记录,即该数据集中共 21 个难度等级。

KDDTest-21.ARFF:是 KDDTest + .arff 文件的子集,其中不包括难度级别为 21 的记录,该数据集共包含 21 个难度等级。

5.1.3　数据预处理

对于分类任务来说,由于原始数据可能存在异常、缺失值以及不同特征的取值范围差异大等问题,对机器学习会产生影响,因此,在进行机器学习模型训练之前,需要先对数据进行预处理。数据预处理的主要过程包括数据清洗、去量纲、离散化等。

1. 数据清洗

对采集到的数据进行清洗,主要工作包括缺失值处理和异常值处理。

1) 缺失值处理

缺失值是指样本中存在某个或某些特征没有值的情况,对此,可以采取的处理策略有删除数据、数据填充。

如果整个数据集中的某个特征值缺失得较多,就可以简单将该特征舍弃。如果包含缺失值的记录不多,则可以采用一些常用的填充策略。典型的方法有固定值填充、均值填充、中位数填充、上下数据填充、插值法填充和随机数填充等。这些方法的基本出发点是利用该特征在整个数据集中的统计量来填充,例如中位数就是把非缺失的特征值进行排序后取中间位置上的数作为缺失记录的特征值。

2）异常值处理

异常值是指样本中的某个特征取值与其他样本有显著差异,例如某个记录的年龄字段为 200 岁,某城市的气温为 100℃等。

针对这种情况可以采取的策略有按照缺失值处理、采用其他样本的平均值或最大值等统计量来代替,也是一些启发式的处理方式。

2. 去量纲

数据集中不同属性的取值范围可能存在很大的差异,例如用米为单位度量的身高和以千米度量的两个城市之间的距离。这种差异会导致机器学习模型的目标函数在某些维度上取值范围远远大于其他维度,当进行梯度下降时,收敛慢,训练时间过长。

去量纲的要求是使不同取值范围的特征值转换到同一规格,一般是 $[0,1]$ 或 $[-1,1]$ 等。常见的去量纲方法有归一化和标准化。

通过归一化把原始数据转换为单位向量,主要有最大最小缩放、对数变换、反正切变换,计算公式分别如下。

$$x' = \frac{x - \text{Min}}{\text{Max} - \text{Min}} \tag{5-1}$$

$$x' = \log x \tag{5-2}$$

$$x' = \frac{2}{\pi} \arctan x \tag{5-3}$$

最大最小缩放用于线性数据,对数变换和反正切变换用于非线性数据。

当原始数据服从正态分布时,还可以使用标准化去量纲,首先计算原始数据的均值 μ 和标准差 S,然后使用式(5-4)对数据进行标准化,即转换成标准正态分布。

$$x' = \frac{x - \mu}{S} \tag{5-4}$$

3. 离散化

当我们使用某些机器学习模型进行训练时,要求相应的训练数据必须为离散型数据,例如决策树、朴素贝叶斯等算法都基于离散型数据。

离散化方法有等宽法、等频法和基于聚类的方法等。

等宽法,顾名思义就是将特征值从最小值到最大值按次序分成具有相同宽度的 n 个区间。例如 $[0,59]$ 按 3 等分被划分为 $[0,19]$、$[20,39]$、$[40,59]$。等频法根据数据的频率分布进行排序,然后按照相同频率进行区间划分,因此能保证每个区间的样本数量相同。

基于聚类的方法也可以将连续属性值转换为离散值。通过聚类算法及聚类有效性指标(validity index)进行最佳簇的划分,把同一个簇内的样本按同一个值来处理,即簇的标识或聚类中心。

4. 哑变量

哑变量(dummy variables)也称虚设变量,通常取值为 0 或 1。例如,反映性别的哑变量可以取值为 0：男性，1：女性。

在机器学习中，经常会遇到类别型特征，如入侵检测数据集中的网络协议（protocol_type），它的取值为{'tcp', 'udp', 'icmp'}，这种字段不能直接输入给分类器。转换方式就是增加哑变量，并进行 one-hot 编码。对于具有三种取值的 protocol_type 字段，可以拓展为三个字段，并编码。如表 5-2 所示，表中的三行分别为 tcp、udp 和 icmp 的编码。

表 5-2　protocol_type 的哑变量编码

protocol_type_tcp	protocol_type_udp	protocol_type_icmp
1	0	0
0	1	0
0	0	1

5.1.4　特征工程

样本特征数量的多少显然对机器学习模型性能会产生一定的影响。当特征数量太少时，样本在较小的特征空间内可能重叠在一起。如图 5-1 所示，在二维空间线性可分的两类样本，当缩减到一维时，变得线性不可分，最终导致分类器都失效；反之，当特征数量太多时，属于同类样本的数据在特征空间中变得稀疏，导致类别边界模糊，分类性能受到影响。此外，特征数量多，特征之间存在相关性的可能性增加，模型的复杂度也会变大。

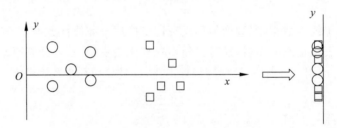

图 5-1　减少特征维数导致样本重叠

针对网络入侵检测应用，其特征数据通常来自多个不同的软硬件设备、不同的应用系统、不同的日志系统，但是都与攻击行为有一定联系，由此可能导致特征之间存在一定的相关性。例如，针对某个端口的大量并发连接请求，也必然引起内存使用量的增加。又如，Web 服务器通常使用默认端口 80 进行监听，不同服务器一般有默认端口，由此服务器类型和端口就存在一定的相关性。因此，构造合适的特征空间也是很有必要的。

特征选择和特征抽取是特征工程的两个重要的方面，目的都是寻找合适的样本表示空间。它们的最大区别是是否生成新的属性。特征提取通过变换的方法获得了新的特征空间，如 PCA、NMF 等。特征选择只是从原始特征集中选择出部分子集，没有生成新的特征，主要有筛选（filter）式、包裹（wrapper）式和嵌入（embedded）式。信息增益属于一种筛选式选择方法。具体的计算方法在很多机器学习方面的书中都有介绍，这里不再赘述。

5.1.5　在天池 AI 平台上的开发

以 NSL-KDD 数据集为例,选择其中的部分数据构造了二分类问题、多分类问题。在二分类中,训练集共有 125 973 条记录,类别是正常和异常两类。经过去除缺失值记录、归一化等数据处理后,进行特征选择,然后以 SVM、决策树、逻辑回归和随机森林作为分类器进行了训练。对另外的测试数据文件进行测试。

```python
def Entropy(X):
    p_ = X.value_counts() / X.shape[0]
    return sum((-1) * p_ * np.log2(p_))


#信息增益率
def Gain(data, str1, label):
    E = data.groupby(str1).apply(lambda x: Entropy(x[label]))
    p_ = data[str1].value_counts() / len(data[str1])
    print(p_)
    e_ = sum(p_ * E)
    print(e_, Entropy(data[label]))
    return Entropy(data[label]) - e_
```

执行特征选择:包含信息增益和方差阈值选择法,后者比较简单,是 sklearn.feature_selection 中提供的函数。

如果使用信息增益,可以直接在 train_data 上进行,如下:

```python
FeatureSet = []
for feature in range(0,41):
    FeatureSet.append(feature, Gain(train_data, feature, 41))
Sort(FeatureSet)
#得到按信息增益值排序的特征序列,可取前 K 个,K 自定


def Feature_select(X_train, X_test):
    #去除出现次数的方差小于指定值的特征
    selector = VarianceThreshold(threshold = 0.000001)
    selector.fit(X_train)
    print(selector.variances_)
    X_train = selector.transform(X_train)
    X_test = selector.transform(X_test)
    print(X_train.shape)

if __name__ == "__main__":
    '''
    1.数据处理部分
    '''
    warnings.filterwarnings('ignore')
    train_data = pd.read_csv("train-binary.txt", header = None)
    test_data = pd.read_csv("test-binary.txt", header = None)
```

```
train_data.dropna(inplace = True) # 删除有缺失值的行
test_data.dropna(inplace = True)


'''
2. 对原始数据集特征进行归一化,特征选取,产生训练集、测试集
    一种更优的特征子集是 features = [0,2,3,4,10,11,13,16,26,29]
'''
features = [i for i in range(41)]
x_train = pd.DataFrame(train_data, columns = features)
y_train = train_data[41]
x_test = pd.DataFrame(test_data, columns = features)
y_test = test_data[41]

scaler = Normalizer().fit(x_train)
x_train = scaler.transform(x_train)
scaler = Normalizer().fit(x_test)
x_test = scaler.transform(x_test)

Feature_select(x_train, x_test)
'''
3. 构建分类器,测试性能. 这里演示了 SVM、决策树、逻辑回归、随机森林,
    可以自行实现神经网络模型等更多分类器并进行测试
'''
svm = SVC()
svm.fit(x_train[:1000], y_train[:1000])
print('F1 (SVM): %.4f' % f1_score(y_test, svm.predict(x_test)))

dt = tree.DecisionTreeClassifier()
dt.fit(x_train, y_train)
print('F1 (Decision Tree): %.4f' % f1_score(y_test, dt.predict(x_test)))

lr = LogisticRegression()
lr.fit(x_train, y_train)
print('F1 (Logistic Regression): %.4f' % f1_score(y_test, lr.predict(x_test)))

rf = RandomForestClassifier(n_estimators = 47)
rf.fit(x_train, y_train)
print('F1 (Random Forest): %.4f' % f1_score(y_test, rf.predict(x_test)))
```

在 sklearn 框架内,上述程序可以很容易拓展到多分类情况,需要改动的代码是计算 F1 值的函数 f1_score。该函数原型如下:

```
sklearn.metrics.f1_score(y_true, y_pred, labels = None, pos_label = 1, average = 'binary',
sample_weight = None)
```

对于二分类问题,average 设置为 binary；对于多分类问题,则需要设置为 macro 或 micro 来计算宏观或微观平均。如果需要考虑类别的不平衡性,按照类别的加权平均,则

使用 weighted。

5.1.6　入侵检测的棘手问题

尽管机器学习方法实现了对入侵行为和正常访问的分类识别,但是仍存在一些机器学习难以解决的问题,概述如下。

(1) 误报率高、漏报率高。各种机器学习模型仍存在较高的误报率和漏报率,并且对于参数敏感。特别是对于未知的入侵行为的感知能力弱,已成为制约入侵检测发展的关键技术问题。

(2) 自学习能力差。添加 IDS 检测规则常依赖于手工方式且更新缓慢,限制了 IDS 的可用性。

(3) 从检测到决策的困难。入侵检测的最终目标是为安全防御提供支持,而检测技术中的误报率和漏报率高的问题,使得自动化决策可能影响正常数据的流动,也可能导致未能及时阻断入侵行为。

(4) 自身易受攻击。IDS 本身是存在漏洞的软件程序,它容易成为黑客攻击的目标,一旦黑客攻击成功,那它所管理的网络安全就不能得到保证。

因此,机器学习、人工智能方法在解决此类实际问题时仍有很多需要深入研究的技术。

5.2　SQL 注入检测

5.2.1　概述

360 互联网安全中心在《2016 年中国互联网安全报告》中指出,SQL 注入攻击占所有攻击类型的 39.8%,在 2016 年全国"白帽子"提交到补天平台的 37 188 个漏洞中,SQL 注入漏洞达 44.9%。根据开放式 Web 应用程序安全项目(OWASP)组织的最新统计报告,SQL 注入在 Web 应用安全排名第一。由此可见,SQL 注入仍是网络安全问题中重要的问题。

SQL 注入是指攻击者利用 Web 网页对于输入数据处理时存在的漏洞,向数据库发起恶意请求。这种漏洞一般是对输入数据没有进行过滤处理或者处理规则不完善,将攻击者输入的恶意 SQL 语句或参数注入查询命令中并传给 Web 服务器,Web 程序执行被注入的 SQL 语句。当注入的 SQL 带有恶意性时,在数据库端的执行最终导致信息泄露或数据库系统被破坏。

由于 SQL 数据库在 Web 应用中的普遍性,使得 SQL 攻击在很多网站上都可以进行。并且这种攻击技术的难度不高,但攻击变换手段众多,危害性大,使得它成为网络安全中比较棘手的问题。

5.2.2　SQL 注入方法

结构化查询语言(Structured Query Language,SQL)是一种用于与数据库进行数据交互的语言,而 SQL 注入就是指利用数据库之外的其他外部接口,将 SQL 要素绑定到接口并传入数据,使得接口程序构建并发起带有注入信息的 SQL 请求,从而达到入侵数据库的目的。

Web 脚本是 SQL 注入攻击中常见的一种外部接口,在这种情况下,SQL 注入攻击者通过 Web 页面输入一些特定的字符,当 Web 服务器没有对此输入进行合法性检验时,它们就形成特定的 SQL 语句。最终 SQL 语句被发送到数据库引擎并执行,从而产生不符合预期的数据库操作。

例如,某个登录页面包含了用户名和密码的输入框,如图 5-2 所示。

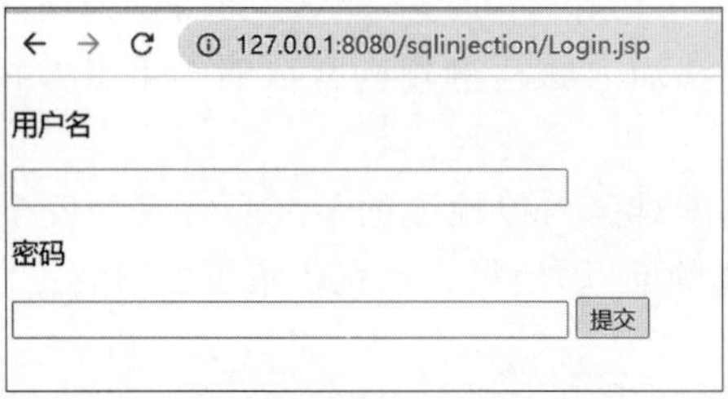

图 5-2　实现 SQL 注入的 Web 页面

假如对登录用户身份进行合法性验证的 SQL 语句为

```
select * from user where name = '{ $ name} ' and password = { $ password}
```

其中,name 和 password 分别为字符串和数字型,对应于该页面的两个输入框内容。

攻击者即使没有该网站的用户账号和密码,也可能绕过账号验证而获得相应登录权限。只需在登录提交表单中,将用户名输入为一个随意的字符串,如 asndfas,密码设为 1 or 2=2。此登录验证的 SQL 语句就被构造为

```
select * from user where name = 'asndfas' and password = 1 or 2 = 2
```

在这个 SQL 查询中,由于 2=2 的条件恒成立,因此,SQL 执行的结果是返回 user 表中的所有记录。在 Web 脚本的后续处理中如果认为有记录返回而允许登录,那么这样的输入攻击就可以绕开验证而获得合法的登录权限,而且攻击者不需要知道真正的用户账号或密码。

除了可以注入参数到 SQL 中,在一定条件下,也可以注入 SQL 语句来进行数据库结构的猜测。例如攻击者想知道数据库中是否存在指定的表或表的字段名,在确定数据表中存在用户名和密码为 bbb/2345 的记录情况下,攻击者可以通过如下的密码注入,来检测 users 表中是否存在 emails 字段。

```
select * from users where username = 'bbb' and password = 2345 and exists(select emails from users)
```

由此可以进一步看出,攻击者可以注入恶意数据库操作来实现更严重的效果,如执行一些数据库操作,导致数据丢失。例如在密码框中输入 2345；drop table tmp,从而形成

了如下的注入 SQL,其中注入的分号是将 SQL 指令分成多条指令执行。

```
select  *  from users where username = 'bbb' and password = 2345; drop table tmp
```

可以看出,当 Web 连接数据库的用户具有数据库执行 drop table 的权限时,这条语句中的 drop table tmp 将会被执行,从而实现删除 tmp 表的操作。用此类方法可以对数据表内容或者结构进行删除,也可以使用 Update 等语句对数据表信息进行修改。

5.2.3　SQL 注入的检测方法

SQL 注入的检测通常要对输入的内容进行校验,其中较为有效的是对请求数据格式或者内容进行规则处理。目前主要的检测方法如下。

1. 针对特定类型的检查

考虑到 SQL 注入是在特定的 Web 页面输入框中实现的,每个输入有其特定的格式要求。因此,可以对页面变量的数据类型、数据长度、取值格式、取值范围等进行检查。例如 where id ={$ id},对于输入的 id 进行类型检查。只有当这些要求都通过检查之后,才把请求发送到数据库执行。这种方法能对有特定的数据格式的输入起到防 SQL 注入的作用。但其局限性较大,对每个网页程序接口输入都进行格式判断,工作量较大,并且存在较大的遗漏或不准确。

2. 对特定格式的检查

对于格式有明确要求的输入,如邮箱或者电话等,可以采用正则表达式过滤方法,排除不符合要求的变量。正则表达式过滤的方法也可以过滤掉一些常见的注入,例如对于 ' or 1=1 之类的注入,其匹配的正则表达式为 $(\backslash s+)?\ or\backslash s +[[:alnum:]]+ \backslash s * = \backslash s *[[:alnum:]]+\backslash s *(--)?$,只要拒绝符合该正则表达式的输入即可达到防止 SQL 注入的目的。这种方式的优点是可以过滤已知的各种注入方法,但是不能过滤未知的注入。缺点是这种方法也会将带有符合过滤正则表达式的合法输入过滤掉,例如用户的博客中的某一句子带有 ' or 1=1 --,那么该句子会被错误过滤掉。

3. SQL 预编译的防御方法

SQL 预编译的基本思想是创建 SQL 语句模版,将参数值用“?”代替,例如“select from table where id = ?”,然后经过语法树分析、查询计划生成,缓存至数据库。这种方法不论输入内容包含什么,总是被当作字符串。这样,用户传进来的参数只能被视为字符串用于查询而不会被嵌入 SQL 中再去执行语法分析。一些 Web 框架如 Hibernate、MyBatis 等已经实现了参数化查询,是目前比较有效的防止 SQL 注入的方法。但是考虑到程序员的编程习惯、预编译对资源的占用以及所选择的框架等因素,仍存在需要采取字符串拼接生成 SQL 的场景。

4. 机器学习方法

机器学习方法把 SQL 注入检测看作一个二分类问题,从而按照机器学习的一般流程进行设计。主要环节包含训练数据收集与标注、特征提取、分类器选择与训练以及执行分类等,具体过程将在 5.2.4 节展开说明。

5.2.4　SQL 语句的特征提取

使用机器学习进行 SQL 注入的检测,首先需要解决 SQL 语句特征表示的问题。主要的方法有基于图论的方法、基于文本分析的方法等。

1. 基于图论的方法

在文本分析、关键词提取、社交网络分析等应用中,利用图来表示其中的特征是很常见的。SQL 语句具有文本特征,因此有文献提出基于图论的 SQL 语句特征提取方法。该方法把 SQL 查询建模成标记图,进而生成以标记为节点、节点间的交互为带权边的图,利用该图实现 SQL 语句的转换和表示[1]。

首先定义 SQL 语句中的标记(token),把 SQL 中的关键字、标识符、操作符、分隔符、变量以及其他符号都称为标记。这样,一条 SQL 查询,无论是真正的查询还是注入的查询,都是一个标记序列。检测的基本思路就是,对这些真正查询和注入查询的序列进行特征提取,然后在特征空间中构建识别注入查询的分类器模型。

所定义的部分 token 及其规范化的符号如表 5-3 所示,包含了用户定义的对象、SQL 关键字、字符类型、运算符和符号等。

表 5-3　SQL 语句符号替换对照表

符　　号	替　换　为	符　　号	替　换　为
整数	INT	SQL 关键词、函数	转换为大写
IP 地址	IPADDR	<	LT
十六进制数	HEX	>	GT
系统表	SYSTBL	( )	去除
用户表名	USRTBL	,	CMMA
用户表中的字段名	USRCOL		

对于一条 SQL 语句,使用 token 对照表进行转换,同时对语句做特殊处理。

(1) 对能够匹配的括号对进行删除;对不能匹配的括号给予保留,并转化成标记。

(2) 空注释(包含只有空白字符的注释)可以被删除,但非空注释必须保留。这是因为攻击者通常在注入代码中嵌入空注释来做混淆(例如/ ** / OR / ** /1/ ** /=/ ** /1),企图绕过检测。

以下是两个替换的例子。

(1) select ＊ from books where price＞20.5 and discount＜0.8 规范化为

SELECT STAR FROM USRTBL WHERE USRCOL GT DEC AND USRCOL LT DEC

（2）select count(＊),sum(amount) from orders order by sum(amount)规范化为

SELECT COUNT STAR CMMA SUM USRCOL FROM USRTBL ORDER BY SUM USRCOL

最终,构建了 686 个不同的标记。每个标记都被看作最终数据集中的一个属性(维度)。

定义(标记图)：标记图是一个有权图 $G=(V,E,w)$,其中 V 中的每个顶点对应一个规范化序列中的标记,E 是边的集合,并且 w 是一个定义边权重的函数。如果 t_i 和 t_j 在一个长度为 s 个标记的滑动窗口中同时出现,则称在标记 t_i 和 t_j 间有一条权重为 w_{ij} 的边。如果在窗口滑动过程中,t_i 和 t_j 间已经有一条边了,则它的权重要加上新的权重。

定义(无向图)：在无向标记图中,如果标记 t_i 和 t_j 中有一条边,那么它具有对称的权重 $w_{ij}=w_{ji}$。如果在同一个长度为 s 个标记的滑动窗口中出现了 t_i 和 t_j,不进行权重累加。

对于有向图的构建,按照 SQL 语句,从左到右寻找标记并建立有向边。

定义(有向图)：在一个有向标记图中,当一个长度为 s 个标记的窗口滑过时,如果 t_i 出现在 t_j 之前,则认为 $t_i \rightarrow t_j$ 形成一条权重为 w_{ij} 的边。边 $t_i \rightarrow t_j$ 和 $t_j \rightarrow t_i$ 的权重是独立地计算的。

计算含权图中两个节点间连接权重的两种加权方法如下：①在 s 滑动窗口内,每个标签具有相同的权重；②在 s 滑动窗口内,离得近的标签权重大,离得远的标签权重小。以两个 SQL 标记序列为例,第一个标志在滑动窗口内与后续标记的连接关系及权重,如图 5-3 所示。上面采用的是均匀权重,下面采用的是按比例权重。

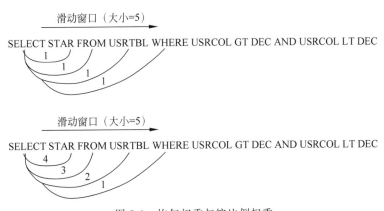

图 5-3　均匀权重与按比例权重

在标记图构造完成之后,所生成的图的示例如图 5-4 所示,其中图 5-4(a)、图 5-4(b)分别是正常查询和注入查询的标记图。将每个节点按照一定的特征进行表示,相应的特征值应当反映节点的重要性。可以选择的特征量包括度数、介数、紧密度等中心性度量,这些也经常用于衡量文本、社交关系中的重要性。但对于 SQL 注入而言,考虑到在 SQL 数据库上执行而造成对服务器的资源消耗,因此,可以选择计算量小的度数。

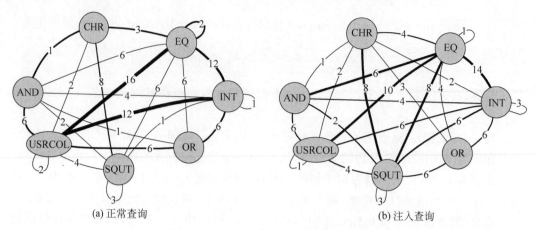

(a) 正常查询　　　　　　　　　　　　(b) 注入查询

图 5-4　正常查询和注入查询的标记图[1]

2. 基于文本分析的方法

由于注入内容是一种文本信息,其语法基本遵循 SQL 语言,而非杂乱无章的内容。从这点来看,它与自然语言类似。因此,可以尝试按照自然语言文本分类的方式来进行 SQL 注入的检测。

把 SQL 语句注入的请求信息进行分割,按照逻辑顺序进行切分,在逻辑上存在间隔的地方加上空格。

例如对于以下 Web 日志:

```
-- post - data
"Login = 'and'1' = '1～～～&Password = 'and'1' = '1～～～&ret_page = 'and'1' = '1～～～&querystring = 'and'1' = '1～～～&FormAction = login&FormName = Login"
```

转化为

```
- post - data "Login = ' and '1' = '1～～～&Password = ' and '1' = '1～～～&ret_page = ' and '1' = '1～～～&querystring = ' and '1' = '1～～～&FormAction = login&FormName = Login
```

把这些从 Web 日志中提取出来的字符串按照标点符号进行切分,最终获得其中的词汇特征集。这样的做法是把这些字符串当作文本来处理。

接下来,采用普通的文本分类技术,使用信息增益、方差阈值等特征选择方法选择有利于分类的 Top k 个特征,从而完成文本向量空间的构建。

从文本的角度,当然也可以利用文本分类中的经典神经网络来进行 SQL 注入的检测。例如,把 SQL 语句当作文本,使用 TextCNN 进行分类。如前所述,TextCNN 的输入文本信息可以是标记化之后的 SQL 语句、经过空格分隔之后的 SQL 语句或经过空格和逻辑运算符分割之后的 SQL 语句。

5.2.5　在天池 AI 平台上的开发

数据集来自一个网站收集的链接请求,只有 normal/attack 两类,分别对应标签 0/1。

该数据集共 480 条记录,有注入记录 339 条和正常记录 141 条。以下两条记录分别是注入和非注入样本。

```
-- post - data ""username = test' % 20or % 201 = 1;～～～&password = '''～～～"" http://
endeavor.cc.gt.atl.ga.us:8080/checkers_current/servlet/processlogin

-- post - data ""username = and&password = test"" http://endeavor.cc.qt.atl.qa.us:8080/
checkers_current/servlet/processlogin
```

基本的任务是构建分类器来完成 SQL 注入语句的检测,区分正常访问(normal)和含 SQL 注入攻击(attack)的网络请求。

基本思路是,把整个训练文本集进行切分,转换为 tf-idf 向量,然后使用各种分类器进行训练和测试。

(1) 数据处理部分。

```
train_data = pd.read_csv("train.txt", header = None, sep = ",")
test_data = pd.read_csv("test.txt", header = None, sep = ",")
train_data.dropna(inplace = True) #删除有缺失值的行
test_data.dropna(inplace = True)
```

(2) 文本-向量转换处理,使用 sklearn 提供的 TfidfVectorizer 完成向量表示。可以自行实现 word2vec 等更多方法。

```
x_train = list(train_data[0])
y_train = train_data[1]
x_test = list(test_data[0])
y_test = test_data[1]
vectorizer = TfidfVectorizer()
X = vectorizer.fit_transform(x_train + x_test)
point = len(x_train)
x_train = X[:point]
x_test = X[point:]
#查看特征空间
print("特征空间: ")
print(vectorizer.get_feature_names())
```

(3) 构建分类器,测试性能。可以利用神经网络模型等更多分类器进行测试,由于数据质量较高,SVM 分类器和决策树的 F1 值分别可以达到 0.9406 和 0.9914。

```
svm = SVC()
svm.fit(x_train, y_train)
print('F1 (svm): %.4f' % f1_score(y_test, svm.predict(x_test)))

dt = tree.DecisionTreeClassifier()
dt.fit(x_train, y_train)
print('F1 (Decision Tree): %.4f' % f1_score(y_test, dt.predict(x_test)))
```

特征空间的部分维度如下：

```
'20delete_priv', '20drop_priv', '20exec', '20fieldname', '20file_priv', '20from', '20grant_
priv', '20having', '20host', '20index_priv', '20information_schema', '20inner_join',
'20insert', '20insert_priv', '20into', '20join', '20left', '20limit', '20master', '20mysql',
'20or', '20outer', '20password', '20process_priv', '20references_priv', '20reload_priv',
'20select', '20select_priv', '20set', '20show', '20shutdown_priv', '20string', '20tab',
'20table', '20table_name', '20tablename', '20tables', '20top', '20union',
```

可以看出，这里选择出的特征都是通常用于 SQL 语句的词汇，因此用来判断 SQL 注入是比较合适的。

5.3　虚假新闻检测

5.3.1　概述

虚假新闻、谣言等不实信息在互联网上层出不穷，虚假新闻的检测不仅具有明显的应用需求，也是人工智能技术非常好的试验场。因此，近年来虚假新闻检测方法得到了广泛关注。

不同于网络入侵等网络安全问题，虚假信息类安全问题并非数据层面的安全问题，而是在数据之上，属于内容安全范畴。内容安全和行为安全有时并不是完全分开的，例如考虑到谣言内容识别时，其传播行为会表现出一定的特征，因此在谣言检测中也可以使用谣言传播行为的特征，内容安全和行为安全混杂在一起。可以进一步从谣言传播、水军、特定群体的形成与演变等行为安全角度来提升虚假信息检测效果。

从人工智能技术角度看，内容安全主要是基于文本处理技术。从文本中提取关键词、命名实体、主题特征等，使用各种文本表示模型给出数学表示，并最终选择合适的分类器进行训练和分类。在特征方面，通常可以根据文本的不同部分，例如标题、段落和结尾部分，分别进行特征处理。

虚假新闻检测与虚假信息、谣言信息检测有一定的相似性，但虚假信息包含较多方面，包括虚假新闻、虚假评论等，谣言信息可能是虚假信息，也可能是真实信息。从技术手段上看，这些检测方法有一定相似性。最基本的方法是仅利用信息内容，主要是文本内容，从文本分类的角度进行检测。

更进一步，需要针对不同类型信息，引入更多特征。对于谣言而言，典型的特征还有信息传播特征，如传播的速度、涉及的人群、传播中的重要人物等。对于虚假评论而言，其他可用的特征包括评论人的行为，如评论中的语气、评论数量、涉及的商品等。对于虚假新闻，可以考虑长文本所具有的特征，例如篇章、主题和文本中特定实体信息等。

5.3.2 节和 5.3.3 节提供了两个例子，分别是基于统计学习的检测和基于多任务学习的检测，并在天池 AI 学习平台的课程案例中给出了完整的代码和数据集，具体的访问和使用方法见第 14 章的说明。

5.3.2 基于统计学习的检测

1. 数据集

本节所使用的数据集包含了 2096 条来自 68 个不同网站的新闻信息,新闻发布日期是 2016 年 10 月 26 日—11 月 25 日。每条新闻经过了标注,共有 801 条真实新闻,1294 条虚假新闻,另有一条新闻未作标记。标签集为{'Fake','Real',nan}。每条新闻有 12 个属性,属性特征及字段名称如表 5-4 所示。

表 5-4 数据集中新闻属性及字段名称

属 性	字 段 名 称	取 值 说 明
作者	author	
发布日期	published	
标题	title	
文本	text	
语言	language	{nan,'spanish','french','ignore', 'german','english'}
来源	site_url	
主要图像的 URL	main_img_url	
类型	type	conspiracy、hate、satire、junksci、state 等表示新闻类型
去除停用词后的标题	title_without_stopwords	
去除停用词后的正文	text_without_stopwords	
是否含有图片	hasImage	0(没有图片)、1(有图片)
标签	Label	标注结果

2. 数据特征分析

对于给定的数据集,可以先利用可视化技术对数据集进行探索性分析,以便对各个属性特征有深入了解,有助于设计更好的特征工程。

首先读入文件:news_articles. csv,删除表格中含有 nan 的记录,共得到 2045 条记录。

利用下面的语句,可以使用饼状图查看不同类型新闻的分布情况,如图 5-5 所示。可以看出,bs、conspiracy、bias 和 hate 所占比例超过了 75%。

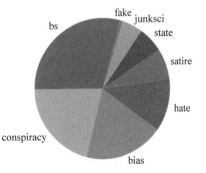

图 5-5 新闻类型的分布

```
df['type'].value_counts().plot.pie(figsize = (8,8), startangle = 75)
```

利用 WordCloud 组件,生成词云图,用词云查看新闻中的关键词分布,如图 5-6 所示。

```
wc = WordCloud(background_color = "black", max_words = 100,
          max_font_size = 256, random_state = 42, width = 2000, height = 2000)
wc.generate(''.join(df['text_without_stopwords']))
```

图 5-6　词云图

3. 数据处理与分类

对清洗后的数据集进行训练集与测试集的划分,为了简化示例,这里选取了 url 和文本特征,将两列合成一列作为新的特征 source,并用 tf-idf 词向量处理数据集,将向量数据存在 DataFrame 中,便于后续训练和测试。

```
# 分割训练集和测试集,并用 tf-idf 向量表示,保存到 tfidf_df 中
x_train, x_test, y_train, y_test = train_test_split(x, y, test_size = 0.30)
tfidf_vect = TfidfVectorizer(stop_words = 'english')
tfidf_train = tfidf_vect.fit_transform(x_train)
tfidf_test = tfidf_vect.transform(x_test)
tfidf_df = pd.DataFrame(tfidf_train.A, columns = tfidf_vect.get_feature_names())
```

为了展示分类器的应用,这里以 SVM、AdaBoost、RandomForest、XGBoost 为例,可以进一步查看不同分类器对结果的影响。

```
    # AdaBoost
    Adab = AdaBoostClassifier(DecisionTreeClassifier(max_depth = 10), n_estimators = 5,
random_state = 1)
Adab.fit(tfidf_train, y_train)
y_pred2 = Adab.predict(tfidf_test)
ABscore = metrics.accuracy_score(y_test, y_pred2)
print("accuracy: % 0.3f" % ABscore)
    # RandomForest
    Rando = RandomForestClassifier(n_estimators = 100, random_state = 0)
    Rando.fit(tfidf_train, y_train)
```

```
y_pred3 = Rando.predict(tfidf_test)

# XGBoost
xgb_clf = XGBClassifier()
xgb_clf.fit(tfidf_train,y_train)
y_pred4 = xgb_clf.predict(tfidf_test)
```

根据测试结果可以看出,在这几种不同的分类器中,AdaBoost 可以获得最好的分类性能,准确率达到 96.9%;而随机森林和 XGBoost 相当,都获得 85.3% 的准确率。具体的实现方法是调用 sklearn 中的功能,在使用之前先加载如下包,其中 RandomForestClassifier 和 AdaBoostClassifier 在集成学习中。

```
from sklearn.svm import SVC
from sklearn.ensemble import RandomForestClassifier, AdaBoostClassifier
from xgboost import XGBClassifier
```

5.3.3　基于多任务学习的检测

在 4.3 节介绍了小样本中的多任务学习,能够比较有效地解决样本不足的问题。本节以此为例介绍其在虚假新闻中的运用方法。

1. 数据集

2017 年,William Yang Wang 公布了一份较大的数据集 LIAR,其中共包含了 12 836 条新闻[2]。该数据集是从一个事实核查网站 PolitiFact 收集的,包括简短陈述,例如新闻稿、电视或电台采访、竞选演讲等,并包含元数据。

除了新闻的文本内容外,LIAR 数据集还提供了丰富的上下文信息,如作者、党派、作者历史信用表现等,每条新闻均由专业的新闻工作者审核,并赋予一个反映新闻真实程度的标签,按照从假到真分为以下六个等级:pants-fire、false、barely-true、half-true、mostly-true 和 true。此外,每条新闻均提供了详细的鉴定报告,阐述了新闻产生的背景以及新闻中相关论点的背景知识,是研究虚假新闻检测较为可靠的数据集。该数据集字段及例子的解释如表 5-5 所示。

表 5-5　LIAR 数据集字段

字　　段	取　值　样　例
所在文件	8616.json
真实程度	mostly-true
文本内容	The economy bled $ 24 billion due to the government shutdown
主题	economy、federal-budget、health-care
来源	Doonesbury
作者	
党派	Democrats、Republicans 或无
工作	

续表

字　　段	取　值　样　例
所在州	
历史信用	0 0 2 4 0 （在 pants-fire、false、barely-true、half-true、mostly-true 信息的计数）
上下文	a Doonesbury strip in the Sunday comics

本节基于此数据集来验证模型的有效性。LIAR 数据集中共有三份数据集，分别为训练集、验证集和测试集。使用训练集来训练多任务学习模型，验证集用来验证训练模型的效果并选择最优参数，实验中的相关性能指标均为模型在测试集上计算得到。

2. 深度神经网络模型设计

多任务学习可以利用多个学习任务中的共享特征信息来提升相关任务的泛化性能，从而进一步提高模型的整体性能。在虚假新闻信息样本有限的情况下，运用多任务学习是值得尝试的做法。

1）源任务的选择

基于多任务的思路，必须为虚假新闻检测寻找其他相关或相似的源任务，然后才能进行任务之间的参数共享和模型训练。以同一个数据集为基础进行源任务设计，应当考虑到源任务所学习到的特征有利于提升目标任务（即虚假新闻检测）的准确性，这种提升是相对于目标任务仅利用与虚假新闻直接相关的特征而言的。

由于不同主题新闻出现虚假信息的可能性差别较大，例如娱乐类新闻出现虚假信息的可能性比科技类新闻要大得多，社会突发事件出现虚假信息的可能性比其他类型主题新闻要大得多。因此，如果能够把主题特征提取出来，并与虚假特征进行融合，将有可能提升虚假新闻的检测效果。由于新闻的主题特征并不直接存在于新闻文本中，提取新闻主题特征本身就是一个机器学习任务。

此外，多任务学习的目的是利用源任务的充足数据来挖掘更多特征，以利于向目标任务共享有效参数。尽管在本问题中，两个任务使用同一个数据集，但是源任务可以从数据集中进一步构造出它的训练数据。

综上所述，在虚假新闻分类的多任务学习设计中，可以把新闻主题分类作为源任务，把虚假新闻分类作为目标任务。基于新闻真实性与新闻主题之间的关系，运用深度学习技术，构建多任务学习模型，使模型可以同时预测新闻的真实性以及新闻的主题。

2）模型结构

由于深度学习模型能够学习不同层面的特征，具有天然的参数共享机制，因此在多任务学习模型中，通常以深度神经网络作为基本模型。在多个任务之间共享底层的隐藏层，并且针对不同任务设计相应的神经网络来处理高层特征。一般来说，所选择的源任务应当有较充足的数据，在共性特征共享时，先由源任务训练参数，然后复制给目标任务。目标任务只更新模型中与任务相关的层，而源任务可以同时更新与共享和任务相关的层。

模型结构如图 5-7 所示。

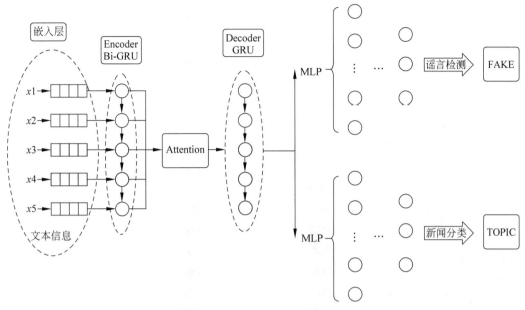

图 5-7　谣言检测的多任务模型

图 5-7 中,使用双向 RNN 结构处理输入的句子文本,前向和后向的基本单元均为 GRU,获得的输出序列进一步传递给 Attention 结构与后续的结构。具体可以使用 BahdanauAttention 等注意力机制,解码器采用单向 RNN 结构,结构的输出将分别输入两个无关联的 MLP 结构中,以实现下游两个分类任务的预测。以 GRU 为基本单元的 RNN 隐藏层的单元数为 1024。

GRU 能够对具有时间序列的数据进行特征学习,已经在众多自然语言处理任务中取得成功。通过不断地输入时间序列的数据,GRU 能够有选择地保留有用信息并将其作用于后续的计算中,从而获得各时间序列对象的高阶特征表示。

在深度学习中,注意力机制是通过对输入赋予不同的权重系数来实现的,权重系数越大则信息越值得被关注。注意力机制的计算过程可概括为

$$\text{Attention}(\text{Query}, \text{Source}) = \sum_{i=1}^{L} \text{Similarity}(\text{Query}, \text{Key}_i) \times \text{Value}_i \qquad (5\text{-}5)$$

其中,Source 由一系列的<Key,Value>数据对构成;L 为 Key 和 Value 的数量。当给定 Query 时,通过计算 Query 和每个 Key 的相似程度,可以获得每个 Key 对应 Value 的权重系数,该权重系数则表示了 Value 的重要程度,最终的输出即为权重系数对 Value 的加权求和。

因此,注意力机制本质上是对 Value 值进行加权求和,而加权求和所用到的权重系数则由 Query 和 Key 进行相似性计算得到。在计算 Query 和 Key 的相似程度时,可以使用不同的计算方法。

3. 数据处理

由于 LIAR 数据集涵盖主题多达 140 个,并且一些主题对应的样本数目较少,因此在

处理新闻的主题标签时,本节只取前 24 个出现次数最多的主题作为新闻的主题标签,其余的新闻则赋予 Others 标签。因此,对假新闻检测任务而言,是一个六分类问题;对新闻主题分类任务而言,是一个二十五分类问题。LIAR 数据集中涉及的主题包括 Economy、Health Care、Immigration、Crime 等。

主要的数据处理环节如下。

1) 文本表示

文本表示方法使用了 GloVe 技术。GloVe(Global Vectors for Word Representation)是一个基于全局词频统计(count-based & overall statistics)的词表征(word representation)工具,它可以把一个单词表达成一个由实数组成的向量,这些向量捕捉到了单词之间的一些语义特性,例如相似性(similarity)、类比性(analogy)等。

2) 文本清洗

针对文本内容进行必要的预处理,如去除停止词,替换数字、金钱面额、日期等对假新闻检测和新闻主题分类无关键意义的词;文本的最大长度为 30,文本长度超过 30 的截断后面的内容丢弃不用,文本长度不足 30 的用 0 填补。使用预训练的 GloVe 词向量初始化词嵌入矩阵,词向量的嵌入维度为 300,对于未登录词全零初始化。

3) 模型的训练

模型实现主要使用 TensorFlow 框架,代码使用 Python 编写。本节提出的多任务模型中的损失函数为两个任务的损失函数叠加。模型训练使用 Adam 算法,初始学习率设为 0.01,最大迭代次数设置为 10。

4. 主要代码

具体代码示例如下。

```
#谣言检测的 MLP 结构
class MLP_RUMOR(tf.keras.Model):
    def __init__(self):
        super(MLP_RUMOR, self).__init__()
        self.dense1 = tf.keras.layers.Dense(units = 256, activation = 'relu')
        self.dense2 = tf.keras.layers.Dense(units = 64, activation = 'relu')
        self.dense3 = tf.keras.layers.Dense(units = 16, activation = 'relu')
        self.dense4 = tf.keras.layers.Dense(units = 6, activation = tf.keras.activations.
softmax)
        self.bn1 = tf.keras.layers.BatchNormalization()

    def call(self, x, training):
        x = self.bn1(x, training = training)
        x = self.dense1(x)
        x = self.dense2(x)
        x = self.dense3(x)
        x = self.dense4(x)
        return x
```

```python
# 新闻主题发现的 MLP 结构
class MLP_NEWS(tf.keras.Model):
    def __init__(self):
        super(MLP_NEWS, self).__init__()
        self.dense1 = tf.keras.layers.Dense(units = 512, activation = 'relu')
        self.dense2 = tf.keras.layers.Dense(units = 128, activation = 'relu')
        self.dense3 = tf.keras.layers.Dense(units = 64, activation = 'relu')
        self.dense4 = tf.keras.layers.Dense(units = 25, activation = tf.keras.activations.softmax)
        self.bn1 = tf.keras.layers.BatchNormalization()

    def call(self, x, training):
        x = self.bn1(x, training = training)
        x = self.dense1(x)
        x = self.dense2(x)
        x = self.dense3(x)
        x = self.dense4(x)
        return x


# 训练函数
def train_step(inp, targ_news, targ_rumor, enc_hidden):
    with tf.GradientTape() as tape:
        # encoder
        enc_output, enc_hidden = encoder(inp, enc_hidden)
        dec_hidden = enc_hidden

        # decoder
        for i in range(32):
            dec_hidden, _ = decoder(dec_hidden, enc_output)

        # mlp
        predictions_news = mlp_news(dec_hidden, training = True)
        predictions_rumor = mlp_rumor(dec_hidden, training = True)

        # 损失函数定义为两个任务损失的平均
        batch_loss = 1/2 * (tf.reduce_mean(loss(targ_news, predictions_news)) +
tf.reduce_mean(loss(targ_rumor, predictions_rumor)))

    # acc
    batch_news_acc = acc_func(predictions_news, targ_news)
    batch_rumor_acc = acc_func(predictions_rumor, targ_rumor)

# 需要优化的参数包括编码器和解码器以及两个任务的 MLP 参数,通过 tf.GradientTape 梯度优
# 化器来求解
variables = encoder.trainable_variables + decoder.trainable_variables \ +
            mlp_news.trainable_variables + mlp_rumor.trainable_variables
gradients = tape.gradient(batch_loss, variables)
optimizer.apply_gradients(zip(gradients, variables))
return batch_loss, batch_news_acc, batch_rumor_acc
```

5. 结果检验

为了验证多任务学习的有效性,需要把多任务学习模型与单任务谣言检测模型进行对比,考虑到简单的单任务模型存在过拟合风险,因此,在单任务模型上增加了使用dropout方法的模型用来对比多任务学习模型的有效性。

从表5-6可以发现,多任务学习模型对分类结果的提升是显著的。其中,谣言检测任务的准确率从19.3%提升至26.4%,最为明显。经过分析,我们认为因为单任务的谣言检测任务过于困难,模型很难学习到有用的特征,而构建多任务学习模型后,谣言检测模型因为和新闻分类模型共享底层结构,多任务的底层模型更好地学习到了有用的特征(两个任务共同作用,底层结构学习到了更加泛化的有用的特征),从而使得分类准确率得到提升。

表 5-6   模型在新闻数据集上的准确率

模　　型	谣 言 检 测	新 闻 分 类
单任务	19.3%	49.5%
多任务学习	26.4%	50.6%
dropout	20.5%	49.0%

新闻分类任务的准确率从49.5%提升至50.6%。相比谣言检测任务,新闻分类任务虽也有提升,但提升幅度较小。此外可以看出,单任务的新闻分类方法的准确率比单任务的谣言检测方法的准确率高很多,可以认为新闻分类任务更能学习到好的特征。因此,相比于谣言检测任务对新闻分类任务的作用,后者对前者的帮助要更显著一些,这也体现了多任务学习的主要特征。

实验中发现单任务的新闻分类任务在训练集上的准确率很高,而在测试集上的准确率要低很多,因此使用dropout对单任务模型进行正则化,并作为对比实验。结果表明,dropout层对模型没有提升效果或效果很不明显。

William Yang Wang 在该数据集上的测试[2],得到的性能报告如表5-7所示。其中,使用CNN文本分类方法,并且要求提供新闻的额外属性,如主题词、作者等。而本节的多任务学习只使用文本信息作为输入,就能获得与利用多个属性的模型相似的效果。

表 5-7   虚假新闻检测

模　　型	测试集的性能	模　　型	测试集的性能
SVM	25.5%	混合 CNN: 文本+所在州	25.6%
Bi-LSTM	23.3%	混合 CNN: 文本+上下文	24.3%
混合 CNN: 文本+主题词	23.5%	混合 CNN: 文本+历史信用	24.1%
混合 CNN: 文本+作者	24.8%	混合 CNN: 文本+所有	27.4%

5.3.4　有待人工智能解决的问题

虚假新闻检测是一个实际的网络空间安全问题,对于人工智能技术也提出了很大的挑战。从当前研究及今后进一步发展来看,其挑战性主要体现在以下几方面。

1. 多模态信息的综合利用

新闻信息中除了文本信息外,还存在图片、视频等其他模态信息,同时,虚假新闻在社交网络中的传播方面也会体现出与正常新闻不同的行为特征,因此,社交网络中蕴含的多种特征也为多模态信息提供了有益补充。

2. 在机器学习中理解和运用虚假新闻的产生意图

虚假新闻的产生显然存在有别于正常新闻的原因,这些原因来自个体层面和社会层面。个体无法准确地区分真假新闻,达克效应、确认偏差、规范影响理论等社会理论决定个体分享与他们认知一致的信息的个性需求。社会层面的回声室效应、社会趋同性(homophily)、算法个性化推荐容易导致个体不愿意过多产生冲突观点。

3. 面向细分虚假新闻的机器学习模型

虚假信息实际上可以细分为很多类型,例如伪造内容、误导性内容、冒名顶替内容、恶意内容、恶作剧、讽刺等,而这些类型有一些相同特征,但也体现出一定差异。如何让智能技术对虚假新闻内容做更进一步的判断,对于虚假新闻的引导和界定是有益的。但目前限制于数据样本和语义理解技术,并无法构建这些类型的机器学习模型。

参考文献

[1] Kar D, Panigrahi S, Sundararajan S. SQLiGoT: detecting SQL injection attacks using graph of token and SVM[J]. Computers & Security, 2016, 60(7): 206-225.

[2] Wang W Y. Liar, Liar Pants on Fire: a new benchmark dataset for fake news detection[C]. In Proceedings of the 55th Annual Meeting of the Association for Computational Linguistics, 2017: 422-426.

第 **6** 章

攻击与防御的智能技术

除了在网络空间安全问题中使用机器学习进行检测分类外,其他人工智能技术也被广泛用于网络安全中的攻击与防御。攻击者利用人工智能技术来发现网络系统中的漏洞,优化攻击手段。防御者运用人工智能技术发现已知或未知的攻击行为,优化防御策略,降低防御成本。本章以攻击图为核心,介绍了图论、贝叶斯网络、马尔可夫理论、博弈论在攻击与防御中的应用[1]。

6.1 概述

攻击者在对网络目标进行渗透时,通常无法利用一个单独的漏洞来实现,而是从网络中的一个节点开始,通过利用网络中的漏洞获取到节点的权限,然后向其他的节点逐步渗透,最终到达目标节点并获取所需信息。

考虑到成本和效率,理性攻击者渗透网络时并不会随意选择攻击的方式和途径,因此安全人员通常用一条从初始节点到目标节点的攻击路径来描述攻击者特定的攻击行为。由于网络拓扑结构本身就是网状的,所以可以用图的方式来对节点和攻击路径进行表述。攻击图模型旨在将抽象出的网络拓扑结构用有向无环图表示出来,并表示出攻击者对该网络进行攻击可能采用的方法、路径以及攻击所造成的后果。攻击图中的每一个节点可根据不同的攻击图描述方法表示一个或一类主机、包含漏洞的网络应用、网络设备等。图中的有向边则表示攻击者可以利用前序节点达到后序节点的路径。理论上,攻击图可以用图形化的方式描述目标网络中所有可能被利用的攻击路径。

从防御者的角度看,攻击图在网络安全分析和加固中也起到了至关重要的作用。攻击图模型由于其本身的结构与网络结构近似,且能够模拟出攻击者的攻击步骤,同时有不少数学模型可以将这种模拟进行形式化表示和分析计算,因此,通过对企业级网络中复杂的连接和漏洞进行抽象化以及攻击路径的模拟和运用各种攻击图形式化分析方法,能够直观地发现网络中隐藏的安全问题,为安全评估、安全加固等应用提供直接依据。通过使用攻击图,管理员可以对网络安全状况进行评估、对攻击者的攻击行为进行预测和防御。

目前,针对网络攻击评估的模型有许多,例如攻击树、Petri网和攻击图。其中,1998年由C. Philips和L. P. Swiler[?]提出的攻击图模型对网络攻击过程的描述能力更强,应用范围也更加广泛,受到了学术界的广泛关注,并被大量应用于实际的网络分析中。攻击图模型提出以来,攻击图的节点表示选择、攻击图生成、数学模型分析以及在针对网络不确定性研究方面都有了长足的发展。攻击图模型较为复杂,攻击图的生成分析、应用自成体系,对攻击图模型的各个方面发展进行总结和对比十分重要。

本章首先介绍了攻击图的基本概念、常用的生成方法及计算任务,重点对攻击图的不同分析方法进行了描述,从基于图算法的攻击图分析方法、基于贝叶斯网络的攻击图分析方法、基于马尔可夫模型的攻击图分析方法、基于成本优化的攻击图分析方法以及其他一些比较重要的无法归类的模型五个角度对当前一些主要的方法和思路进行归纳分析。

6.2　攻击图简介

6.2.1　攻击图的基本概念

攻击图模型旨在将抽象出的网络拓扑结构用有向无环图表示出来,并表示出攻击者对该网络进行攻击可能采用的方法、路径以及攻击所造成的后果,攻击图的主要应用场景有网络的脆弱性分析等。攻击图模型是攻击树模型的一种发展,在攻击图中,根据攻击行为分析的不同,主机、权限、漏洞、服务甚至某种网络安全状态等相关要素都可以作为图中的顶点。与顶点表示的多样性不同,攻击图中的边一般表示攻击的先后顺序。

如图6-1所示的网络结构,是某公司互联网Web网络的拓扑图。该网络包含三个子网络,即Internet、隔离区和信任区,隔离区中包含一个域名服务器(DNS Server,DS)和Web服务器(Web Server,WS),信任区中有三个服务器,即文件传输服务器(FTP Server,FS)、数据库服务器(Database Server,DBS)和管理服务器(Administrative Server,AS)。表6-1和表6-2分别是各服务器上漏洞和服务器之间的网络通信规则。图6-2是根据网络拓扑、漏洞以及服务器之间的连通关系生成的一张攻击图。

表 6-1　各服务器上的漏洞

服　务　器	威　胁　描　述	CVE 编号
WS	允许远程执行任意代码	CVE-2015-1635
DBS	远程执行任意 SQL 命令	CVE-2014-1466
FS	允许远程执行任意代码	CVE-2013-4465
FS	允许远程执行任意代码	CVE-2012-2526
AS	允许远程执行任意代码	CVE-2009-0241

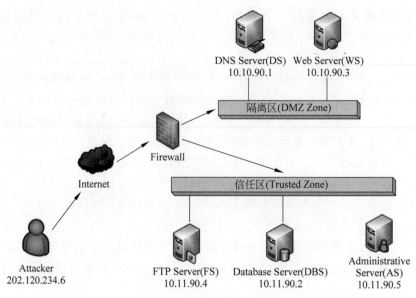

图 6-1 网络拓扑图示例

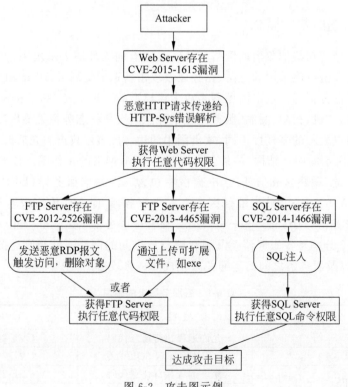

图 6-2 攻击图示例

表 6-2 服务器间的通信规则

源 服 务 器	目 的 服 务 器	协 议
202.120.234.6	WS	HTTP(80)
WS	DBS	SQL(1433)
AS	DBS	SQL(1433)
	FS	FTP(21)
	WS	HTTP(80)
	DS	DNS(1024)

攻击图的研究应用框架如图 6-3 所示。首先获取网络的拓扑结构、漏洞信息、网络配置和网络连通等信息,将它们输入攻击图生成工具中,生成一张原始的攻击图。通过生成的攻击图,可以根据计算任务的不同对攻击图使用相应的分析方法进行数学建模,并对图上的节点、边和路径进行分析计算。最后得到的计算结果可以为各种攻击图应用提供依据。

图 6-3 攻击图的研究应用框架

6.2.2 攻击图生成方法

生成攻击图的初始信息包括漏洞信息规则、漏洞、主机状态、网络拓扑信息、漏洞利用概率等。在生成攻击图时,一般分为三个步骤:可达性分析、建立攻击模板和构建攻击图。

可达性分析用来研究网络之间的可达性条件,即两个主机(或者应用/协议等)之间是否能够相互访问。攻击模板的建立需要确定两种模板,即攻击单元模板和攻击图模板。攻击单元模板可以被理解为描述攻击的要素、攻击者的能力及其与攻击条件之间的关系。攻击图模板定义了如何在目标系统上表示攻击单元和这些攻击之间的关系。同时对于规模很大的攻击图,可能需要考虑降低构建攻击图的复杂度的方法,如修剪攻击路径、压缩网络属性数量、减少属性匹配时间。

目前,攻击图的生成方法已经较为成熟,已有多种工具可以自动生成。

卡内基梅隆大学 O. Sheyner 等使用 NuSMV 模型检查工具开发了一款攻击图生成工具[3],这是第一款基于模型检查的攻击图生成工具。它将主机状态、状态转移概率和安全属性作为输入,其中安全属性指的是攻击者想要攻击的最终目标,例如,可以是主机的超级用户权限。该工具输出的是一张包含违反安全属性的路径的攻击图。

MulVAL 是普林斯顿大学 X. Ou 等介绍的一个基于 Linux 的攻击图自动生成工具[4]。作者使用 Prolog 逻辑编程语言,对网络节点的配置信息、漏洞信息等进行形式化描述后,再对整个攻击过程进行推理从而生成攻击路径,使用 graphviz 绘制攻击图。MulVAl 是现阶段最常用的开源攻击图生成工具。

NetSPA 是麻省理工学院 R. Lippmann 等设计的攻击图生成工具,它通过分析防火墙规则和漏洞信息构建网络模型,并进行可达性分析[6]。由于缺少攻击模式的学习能力,NetSPA 需要手动建立漏洞规则库。

TVA 使用 Nessus 漏洞扫描器,将扫描到的漏洞自动映射到网络设备的描述中[5]。在构建的攻击图中,提供了从初始状态到目标状态的攻击路径。图中将主机状态、漏洞等作为节点,边表示节点之间的依赖关系。但是同 NetSPA 一样,TVA 需要手动建立规则库,同时当网络规模很大时,将面临状态爆炸的问题。

6.2.3 攻击图的计算任务

攻击图的产生和发展主要是为了解决网络安全状况量化评估以及网络加固等问题。因此,利用攻击图要完成的计算任务主要有网络脆弱性分析、节点安全加固选择、攻击路径预测和不确定分析。

利用攻击图进行网络的脆弱性分析包含两方面:一方面在攻击未发生时分析可能的攻击路径,对路径上的高危节点进行重点防御;另一方面在攻击发生时对攻击者的攻击行为进行分析,预测后续攻击目标,以便采取应对措施。

在进行节点安全加固时,如何选择需要加固的节点、平衡网络加固的代价和收益、有针对性地进行网络防御等都需要进行严密的建模分析。而对于网络攻击路径预测来说,网络攻击既然是系统性的,那么攻击者利用的漏洞、采取的攻击路径都会有迹可循。对于特定网络可以采用多种攻击路径,如何在这些路径中甄别出攻击者最可能使用的路径需要进行多方面的考量。此外,网络的动态性决定了网络攻击防御并非一劳永逸,需要根据网络安全技术的发展和企业业务的发展进行动态更新部署。因此,基于攻击图对网络的不确定性所带来的安全问题进行分析非常有必要。

目前没有任何一种分析方法能够完成全部上述计算任务,因此应该针对任务的侧重点,选择相应的分析方法。自 20 世纪 90 年代以来,针对攻击图的分析方法层出不穷,可以归纳成基于逻辑的分析方法和基于概率的分析方法。基于概率的分析方法包括贝叶斯网络和马尔可夫模型,其余的分析方法是基于逻辑的。在这些分析方法中,基于图算法和基于马尔可夫模型的分析方法可以用来预测攻击行为,分析最可能攻击路径。基于贝叶斯网络的分析方法更倾向于辨别一些高危节点,找出能够进行加固的重点。基于成本优化的算法在平衡代价、收益方面发挥了巨大的优势。

6.3 基于图论的方法

目前,针对攻击图分析的图算法主要思路分为两类:一类是基于图路径的分析;另一类是对图中的节点进行重要性排序。

6.3.1 图的路径算法

1. 攻击图的最短路径度量方法

攻击图中的最短路径即攻击者在达到攻击目标的过程中所需要利用的漏洞数量最少的攻击路径。攻击图最短路径算法的实现方法可以按照图算法中的各种路径算法如Dijkstra算法、Floyd算法等进行求解。

攻击图最短路径算法是一种较为直观的攻击图分析方法,但是也存在失效的情景。图 6-4 和图 6-5 代表了管理员可以选择的两个不同的网络。假设攻击者从 S 状态出发,希望达到最终目标 G。两个图的最短路径都是 1,但图 6-5 中的每一条路径长度都是 1,而图 6-4 中只有一条路径为 1。那么,选择图 6-4 方案时,只需要对网络中的一条路径进行加固即可增大整个攻击图的最短路径长度,故图 6-4 的方案是最佳的选择。但是最短路径方法并不能得出这个结论。除此之外,最短路径度量是一种粗粒度的度量方法,它对于网络节点的细小变化并不敏感。例如,假设对图 6-5 中的路径进行改变,只要维持图 6-5 的 5 条路径中的一条不变,那么其他路径的改变都不能影响最短路径值的大小。

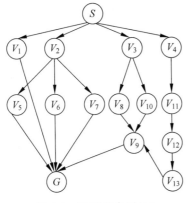

图 6-4 可选攻击图(1)

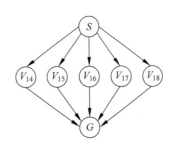

图 6-5 可选攻击图(2)

2. 攻击路径的个数

攻击路径的个数代表攻击者想要达到攻击目标可以采用多少种不同的方法。攻击路径个数能够反映出网络面对攻击的暴露程度。与最短路径法相比,攻击图路径个数度量更为敏感,可以更好地被用作网络的实时分析。但是,这种度量方法的缺点也十分明显,例如,与最短路径法相比,攻击路径个数并不能体现出攻击者在攻击过程中所付出的代价,也不能反映每一条路径的攻击难度。

3. 平均路径长度

利用攻击图中所有攻击路径长度的平均值来衡量攻击者对目标网络进行攻击所要付出的平均代价。该假设在现实中受制于很多其他因素,例如攻击者本身所擅长的技术、最短路径上漏洞的利用率,以及由于信息不对称造成的攻击者对最短路径的判断错误等。

4. 基于偏差的度量

描述偏差的标准有路径长度标准差、路径长度的频数以及路径长度中位数。标准差可以衡量不同路径长度的偏离度。路径长度的频数表示某一长度的路径共有多少,通过该指标可以找出攻击图中出现最多的、最典型的路径长度。通过中位数与平均值的对比,可以发现路径长度分布的状况。对于路径长度标准差和路径长度中位数,在进行网络加固的过程中,网络管理员可以重点关注那些与平均值相差两个标准差以上且小于平均值的路径,以及那些小于路径长度中位数的路径。

5. CVSS 评分加权

图路径算法只考虑了路径本身,忽略了路径中节点性质对路径选择的影响。加权方法结合了路径长度与节点危险系数,通用漏洞评分系统(Common Vulnerability Scoring System,CVSS)为每个已知漏洞的危险等级进行了评分,可以作为路径中每个节点的危险系数值。路径整体的危险系数可以用路径上所有节点评分的乘积来表示,危险系数越高则证明该路径被利用的可能性越高。

6.3.2   图节点排序算法

通过图节点排序可以找出最易受到攻击或在网络中最关键的节点,有利于在资源有限的情况下,选择需要重点加固的节点。

PageRank 算法将网页超链接的互相链接作为一种投票方式,计算每一个网页的入度和出度来衡量网页的重要程度,对网页进行排序。借鉴该算法,在构造攻击图的基础上,通过节点排序得到图中 PR 值有序的节点。如果攻击图的节点代表攻击者最可能获得的权限,那么利用 PageRank 算法可以找出目标网络最可能受到攻击的方式,从而使得防御者有针对性地进行网络加固。

L. Lu 等[7]选择使用图神经网络(Graph Neural Network,GNN)对攻击图节点进行排序。GNN 可以学习对象信息的拓扑依赖性,例如某一节点相对于相邻节点的排序。选择 GNN 来对样本进行训练是因为相对于其他的机器学习方法,GNN 不需要对数据进行归一化和向量化处理。GNN 针对 PageRank 算法面对网络动态变化时复杂度过高的问题提出了更好的解决方案。

6.4   基于贝叶斯网络的方法

1988 年 J. Pearl 提出贝叶斯网络的概念,贝叶斯网络(Bayesian Network,BN)也称为信念网络,也是一种概率网络,也是不确定性分析和推理领域一种常用的数学模型。贝叶斯网络利用因果关系,可以根据已经发生的事件推测出未知情况发生的概率。

在基于贝叶斯网络的分析方法中,攻击图使用一个三元组(Node,Edge,PTable)表示。Node 表示攻击图的节点,代表漏洞、用户权限等;Edge 表示连接节点的边,代表节点间的依赖关系,如漏洞之间的利用关系;PTable 表示条件概率表,代表某一节点被攻击的条件概率,该概率通常是由专业领域的专家参与确定的。

如图 6-6 所示,$A \sim E$ 五个节点表示系统存在的漏洞或通过漏洞获得的权限,边表示对漏洞的利用,条件概率表示父节点状态达成与否情况下该节点的条件概率。当节点 C 被攻击者成功利用的情况下,节点 E 也被成功利用的概率是 0.5。当某个节点被确认为证据节点,也就是确定某一攻击事件已经发生后,贝叶斯网络通过贝叶斯公式逆向推导,可以得到其他节点发生的概率。

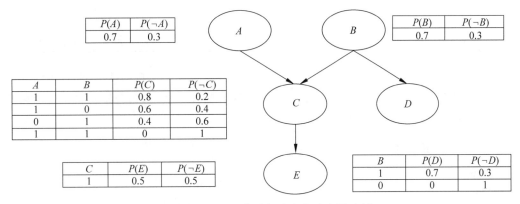

图 6-6 贝叶斯网络分析法中的攻击图示例

计算漏洞利用概率是构建攻击图贝叶斯网络的前提,这是一个条件概率。有些文献采用 CVSS 基本分数和漏洞之间的因果关系计算漏洞利用概率,作为先验概率。之后通过实时观测攻击情况,向前或向后传播攻击情况,更新概率表得到后验概率。

基于漏洞利用概率需要考虑漏洞产生的影响会随时间变化的实际情况。例如当供应商发布补丁应对漏洞时,漏洞的可利用性会大大降低;反之,如果漏洞被广泛利用,其严重程度又会大大增加。因此对于漏洞来说,只使用固定不变的 CVSS 基础分数对其进行评估,而不考虑时间变化带来的影响是存在不足的。于是,M. Frigault[8] 在贝叶斯网络的基础上考虑了时间因素(如漏洞利用代码或补丁的可用性),建立基于动态贝叶斯网络(Dynamic Bayesian Network,DBN)的攻击模型。在该模型中,攻击图由多张贝叶斯攻击图组合而成,每个 DBN 对应特定时刻的 DBN 时间片,连续的时间片节点之间有边相连接。DBN 假设模型满足马尔可夫性质,即系统的状态只取决于上一个阶段的状态,根据初始时刻和相邻时间的概率分布,可以求出一个跨越时间的联合概率分布。

此外,还可以进一步将网络中资产的价值、网络的使用情况以及网络的攻击历史等环境因素加入贝叶斯攻击图中,使之计算推理结果更符合实际情况。这样,在安全防御中,可以在基于贝叶斯网络的模型中引入安全控制措施,例如限制访问服务器、添加入侵检测系统。通过实施这些措施,可以量化分析漏洞利用成功的概率。

6.5 基于马尔可夫理论的方法

马尔可夫模型可以分为以下四类:马尔可夫链(Markov Chain,MC)、马尔可夫决策过程(Markov Decision Process,MDP)、隐马尔可夫模型(Hidden Markov Model,HMM)

和部分可观测马尔可夫决策过程（Partially Observable Markov Decision Process, POMDP）。这些模型可以按照状态是否可见、是否考虑决策动作来进行区分，其关系如表 6-3 所示。

表 6-3　马尔可夫相关模型

状态是否可见	是否考虑决策动作	
	不考虑动作	考虑动作
状态完全可见	马尔可夫链	马尔可夫决策过程
状态不完全可见	隐马尔可夫模型	部分可观测马尔可夫决策过程

上述模型都具有马尔可夫性质，即无后效性。在给定已知信息的情况下，过去的状态对于预测将来的状态是无关的，未来的状态只与现在有关。接下来，分别对基于这四种模型的攻击图研究进行归纳分析。

6.5.1　马尔可夫链

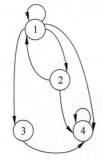

图 6-7　吸收马尔可夫链

在基于马尔可夫链的分析方法中，使用一个三元组 (S, P, Q) 来表示攻击图。其中，S 是系统中所有可能的状态集合包括吸收状态和非吸收状态，如网络资产、用户权限等，P 是系统的状态转移概率矩阵，Q 是状态的初始概率。如图 6-7 所示，吸收马尔可夫链具有两个性质：链中至少具有一个吸收状态；每个非吸收状态最终都可以转换为吸收状态。

在攻击图中，吸收状态被看作攻击目标，即一旦达到该节点就认为攻击者达到了最后的攻击目标，攻击完成；非吸收状态就是达到目标节点之前的中间节点。对于任意一个网络都可以用状态转移的方式来表示网络的安全情况。

6.5.2　马尔可夫决策过程

基于马尔可夫决策过程（MDP）的分析方法使用一个五元组 (S, A, P, R, Y) 来描述攻击图。其中，S 表示系统中可能出现的状态的集合，A 表示动作集合，P 是状态转移矩阵，R 是通过采取动作进行状态转移的收益，Y 是折扣因子，表示对未来的不确定性。MDP 在马尔可夫链的基础上增加了决策行为，该行为用边表示，表现为攻击者的攻击行为，收益为攻击者的攻击成本或攻击成功获得的奖励。

在攻击图中，攻击者倾向于选择一条使自己的攻击成本最低或获得奖励最高的路径进行攻击，而马尔可夫决策过程就是在一系列基于马尔可夫性质的随机动作序列中选出收益最高的一组动作。在解决 MDP 优化问题时，经常采用的方法是值迭代、策略迭代等。

使用值迭代的方式计算选择 MDP 的最优动作策略以获得最大效益或者花费最低成本，而随着网络发展，MDP 需要解决的场景规模逐渐增大，这就给计算带来了极大的考验。因此，在利用 MDP 解决优化问题时，简化计算量也成为了研究人员考虑的问题之一。

6.5.3 隐马尔可夫模型

隐马尔可夫模型(HMM)在马尔可夫链的基础上增加了隐状态,通常使用一个五元组(S,O,A,B,PI)表示。S是隐状态的集合,表示系统的状态,即攻击状态;O是输出状态,表示物理组件(如主机、服务器等)、网络资产、权限或漏洞;A是转移概率矩阵;B是输出概率矩阵;PI是隐状态的初始概率分布。以图6-8为例,上层的X_1、X_2和X_3是隐状态集合,下层的Y_1、Y_2、Y_3和Y_4是输出状态集合。隐状态之间存在一定的跳转关系,例如在一次攻击中,X_1代表端口扫描,则下一个状态是X_2代表的攻击网络服务的可能性较大。这种隐状态之间的跳转关系是一组转移概率,可以用转移概率矩阵表示。同时,每一个隐状态对应多种输出状态,例如X_1(端口扫描)时可以观察到Y_1(snort等检测工具预警)和Y_2(蜜罐捕捉)两种输出状态,用输出矩阵表示。

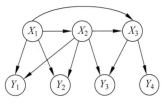

图6-8 隐马尔可夫图

6.5.4 部分可观测马尔可夫决策过程

在MDP中,效用函数、所有时间段内的状态转移概率都是已知的,但是在实际问题中,状态不可能被完全获知,管理者必须利用现有的部分信息、历史状态序列和收益函数进行决策。因此,部分马尔可夫决策过程(POMDP)使用一个七元组(S,A,P,R,Ω,O,Y)表示该模型,它比MDP多了Ω和O两个变量。Ω是一组观察集合;O是条件观察概率,表示在观察到Ω后,有多大概率确定自己处于某个特定的状态。因为管理者不确定当前的状态,所以系统要对环境进行感知,来确定自己处于哪个状态。这时就会引入信度状态空间的概念,即估计现在所处的状态,由此可以将POMDP问题转化为MDP问题来解决。

假设管理者在任何时间内都只能观察到攻击者的部分能力,须在信息不完全的情况下做出防御决策,这就形成了一个POMDP问题。在建立的攻击图中,节点表示属性,即攻击者的能力(如访问权限、漏洞等),边表示漏洞利用。防御者在每段时间内都可以接收到一些观测值,但是由于网络监视的局限性,观察到的现象不是完整的。因此,可以使用概率表示观察的现象来对攻击者能力进行推测。

6.6 基于博弈论的方法

对于攻击图技术来说,除了衡量特定网络的安全性外,更重要的是如何用来对网络进行有针对性的加固。提及网络加固,就必然要考虑加固的代价,即对网络中的某一个节点进行加固,所采用的加固措施需要付出的代价,这个代价包含很多方面,例如新增一个包过滤防火墙的部署代价、误过滤掉的包本身的代价等。如果一个网络被攻击所造成的影响很小或者很容易被修复,那么可能网络加固的代价本身就高于网络被攻击后修复的代价,这种情况下一般不会选择对网络进行加固。

从攻击者的角度进行考虑,如果攻击一个网络获取某个权限所带来的收益远远小于攻击该网络所要耗费的时间和其他成本,则攻击者也不会选择对该网络进行攻击。那么,对于一个特定的网络如何决定是否要对网络进行加固? 如果要加固应选择哪一个节点进行加固?

博弈论为解决网络安全分析提供了一个合理的数学框架,它有助于解决攻防双方的矛盾冲突以及选择最优防御策略。K. Durkota[9] 的模型是一个 Stackelberg 博弈,这是一种领导者-追随者博弈。假设攻击者知道已经部署的蜜罐的数量和类型,但是不知道具体哪些主机是真实的,同时攻击者知道执行每一步攻击的收益。防御者是领导者,他首先通过添加蜜罐来加强安全防御,攻击者是追随者,通过分析有限的防御者行为选择最优攻击路径。在攻击图中有两种节点,事实节点和动作节点,使用一系列事实节点来表示整个网络的逻辑结构,动作节点也就是攻击者的攻击行为,它伴有攻击成功的概率和攻击成本。一旦攻击者攻击到蜜罐,攻击者发现蜜罐,攻击结束,攻击者选择收益最高的一条攻击路径实施攻击。因此作者之后将带有博弈论模型的攻击图转化为 MDP 问题来解决这个复杂性问题,同时引入一些剪枝技术来有效减少计算量。但是这种方法的假设具有局限性,攻击者需要知道大部分信息,仅仅分辨不出主机的真实性。

之后,又出现了一个新的博弈论模型[10]。在这个模型中,攻击者只知道设置的蜜罐的总数,并不知道它们的类型,这样更符合实际情况。但是,寻找防御者的设置蜜罐的最优策略是 NP 难问题,不能直接对较大规模的网络进行计算。可以尝试转化为完美信息博弈等近似模型的计算,例如,在完美信息博弈中通过消除模型中的不确定性,设置攻击者知道防御者的防御策略。实验证明,计算得到的策略与原始模型的策略非常接近。

6.7 攻击图智能技术的发展趋势

攻击图在网络安全中已经有了长足的发展,但是还有许多亟待解决的问题,攻击图分析方法仍在不断发展,今后将在智能化和应用方面得到更多关注。

(1) 对不同的攻击图分析方法进行集成和融合,提升攻击表示与建模分析的能力。

在已有的分析方法中,基于逻辑的分析方法使用单一路径已经无法满足复杂网络环境下的安全分析要求;基于概率的方法则有训练集获得较难、训练时间较长等问题。例如,路径算法无法对节点进行描述,路径长度无法完全反映路径的利用难度;贝叶斯模型的扩展性一般,在加入新节点后会对其后续节点产生影响,需要重新训练;马尔可夫模型虽然具有一定的节点状态描述能力,但是其无后效性和时间不变性的前提假设性太强,在实际应用中并不合理。两种分析方法各有千秋,今后可以尝试将基于逻辑的路径分析和基于概率的节点分析进行集成和融合。首先,可以通过将二者的思想进行融合来探索新的分析方法,例如,以基于概率的分析方法为主体,在寻找最可能路径时引入基于逻辑的分析方法所强调的路径长度等因素来对路径利用概率进行修正。其次,可以提出有效的集成框架充分利用这两种分析方法的优势,例如,先通过基于逻辑的路径算法对图中路径进行筛选,再对剪枝后的攻击图进行基于概率的训练,以此降低贝叶斯和马尔可夫算法的计算复杂度。

　　(2) 攻击图分析方法与大数据技术相结合,提高模型训练和参数设置的准确性。

　　基于概率的分析方法,如贝叶斯、马尔可夫以及博弈论等分析方法都需要对初始攻击概率、节点间的转移概率、攻击收益与代价等参数进行精确的估计。目前的研究中,节点的初始概率多使用 CVSS 评分表示,转移概率则人工分配。这样的概率分配方式相对简单,很难准确反映漏洞的利用率和漏洞之间的关系。CVSS 评分包含了较多漏洞的相关信息,但是漏洞的评分与漏洞的可利用性并不完全等同。在具体实践中,应更多地考虑漏洞利用的难易程度以及具体的攻击方法。漏洞转移概率则与漏洞的相关性、系统本身的相关性甚至不同应用的代码复用有很大关系,人工分配的转移概率难以客观反映这些相关性。在未来的研究中,针对上述概率可以通过大数据分析获得,避免主观分配带来的误差。总体思路可以是先收集大量的网络攻击数据,利用大数据技术进行清洗、特征表示,并挖掘不同漏洞间的内在联系,为确定漏洞转移概率提供依据;通过挖掘漏洞在一段时间中的利用率,为确定漏洞的初始利用概率提供依据。

　　(3) 攻击图分析中引入更多的不确定分析理论,拓展和增强对攻击不确定性的分析能力。

　　当前的不确定性分析主要依赖于概率计算和不确定图理论来描述系统的不确定性,而影响系统安全的因素除了系统不确定性外,还有攻击者和系统环境的不确定性。这两者由于特征多、动态性强,使用现有概率和不确定图并无法全面刻画,因此,在将来的研究中,有必要引入更多的不确定分析理论和技术,拓展对攻击图分析中的各种不确定性分析。可以借鉴人工智能中已有的不确定理论,例如模糊认知图、粗糙集理论、D-S 证据理论等,对攻击图的不确定分析提供理论支持和参考。模糊认知图与攻击图具有相同的结构,且已经被部分应用于漏洞识别中。目前概率模糊认知图可用于识别 DDoS 攻击,未来可以尝试将其与更普遍的网络攻击结合,判断系统中的不确定性漏洞。对于粗糙集理论,可以将系统的状态特征作为条件属性,漏洞是否存在作为决策属性,从系统分析中寻找各种漏洞的出现规律。D-S 证据理论是贝叶斯推理的推广,能够在不需要先验概率的情况下很好地表示“不确定”。

　　(4) 攻击图技术与其他安全技术相结合,解决网络安全中的重点与难点问题。

　　虽然目前已经有各种软硬件设施可以进行入侵检测、防病毒等安全防护,但是随着攻防双方技术和策略的升级,网络安全中的难点凸现,典型的代表是 APT 攻击和 0-day 漏洞检测。APT 攻击由于其持续时间长、不容易通过单个节点的异常被检测出来等特点,成为漏洞识别、网络防御的难点。攻击图技术能够感知到网络状态的变化,将系统异常操作如实反映在图中。因此,攻击图状态分析与网络入侵检测技术相结合,能够提高对 APT 攻击的识别能力。在网络中,0-day 漏洞的存在不可避免,其严重程度、存在与否很难通过经验参数进行准确的评估。如何对 0-day 漏洞的存在性、危害性、后果等进行体系化的预测还是一个尚未解决的问题。

　　安全技术正向主动安全方向发展,其中移动目标防御技术通过系统随机化、网络随机化等方法使得网络防御更具有自主性。通过攻击图技术识别网络中存在的弱点、加深对网络状态的感知,并与移动目标防御技术相结合,能够更好地实现对网络的动态防御。

参考文献

［1］ Zeng J P,Wu S,Chen Y Y,et al. Survey of attack graph analysis methods from the perspective of data and knowledge processing[J]. Security and Communication Networks,2019,2031063：1-16.

［2］ Swiler L P, Phillips C, Gaylor T. Agraph-based network-vulnerability analysis system［C］. Proceedings of the 1998 Workshop on New Security Paradigms,1998：71-79.

［3］ Sheyner O,Haines J,Jha S,et al. Automated generation and analysis of attack graphs[C]. IEEE Symposium on Security and Privacy,2002：273.

［4］ Ou X,Boyer W F, Mcqueen M A. A scalable approach to attack graph generation［C］. ACM Conference on Computer and Communications Security,2006：336-345.

［5］ Noel S,Elder M,Jajodia S,et al. Advances in topological vulnerability analysis［C］. Conference CATCH Cybersecurity Applications &. Technology,2009：124-129.

［6］ Lippmann R,Ingols K,Scott C,et al. Validating and restoring defense in depth using attack graphs ［C］. Military Communications Conference,2007：1-10.

［7］ Lu L,Safa-Vinaini R,Hagenbuchner M,et al. Ranking attack graphs with graph neural networks ［C］. International Conference on Information Security Practice and Experience,2009：345-359.

［8］ Frigault M,Wang L,Singhal A,et al. Measuring network security using dynamic Bayesian network ［C］. ACM Workshop on Quality of Protection,2008：23-30.

［9］ Durkota K,Lisy V,Bošansky B,et al. Optimal network security hardening using attack graph games[C]. International Conference on Artificial Intelligence,2015：526-532.

［10］ Durkota K,Lisý V,Bošanský B,et al. Approximate solutions for attack graph games with imperfect information［C］. International Conference on Decision and Game Theory for Security,2015：228-249.

第四部分
人工智能模型的对抗攻击与防御

第 **7** 章

机器学习系统的攻击者

机器学习系统容易受到各种攻击而影响应用效果,因此,为了提升机器学习系统的安全性,设计者需要全面了解机器学习系统的漏洞,理解针对机器学习系统的攻击行为。本章从安全观的角度,归纳了机器学习系统的安全漏洞,围绕攻击者的目的、能力、行为特征进行了重点介绍。

7.1 从垃圾邮件检测谈起

机器学习包含监督学习、无监督学习等各种不同形态,已经在众多行业得到了广泛应用。机器学习有很多种使用场景,但是应用于对抗环境下的机器学习系统更容易受到恶意攻击。对抗环境的典型例子有入侵检测、金融欺诈检测、垃圾邮件检测等。

这里以垃圾邮件检测为例,介绍对机器学习系统的攻击场景。

如图 7-1 所示,在邮件系统中部署了一套垃圾邮件检测系统,对接收到的邮件进行实时检测,其核心是分类器,根据分类结果将邮件放入接收者的垃圾邮件夹或收件箱中。

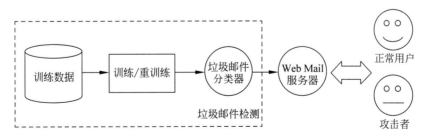

图 7-1   邮件系统及其垃圾邮件检测

　　假设攻击者的目的是发送一封涉及商品广告的邮件,并顺利把邮件送达接收者的收件箱。为了避免垃圾邮件检测系统把广告邮件识别为垃圾邮件,攻击者首先需要探测检测系统区分垃圾邮件和正常邮件的方法。在未能实际接触检测系统的情况下,攻击者只有通过不断地发送邮件尝试,从而分析垃圾邮件的检测依据。

　　然后,在广告邮件中嵌入这些特征,例如修改邮件中的垃圾特征词或增加一些非垃圾邮件的特征词,这样攻击者就可能绕过检测系统。然而添加这些特征词数量过多,可能导致原始邮件的可读性降低,从而导致接收者无法准确理解邮件含义。

　　另一方面,由于垃圾邮件发送者会通过各种修改策略来绕过检测系统,因此,检测系统需要定期对分类器进行升级,获取更多的训练样本,重新训练分类器。如果检测端从邮件系统中获取样本,那么攻击者就可以通过与绕过检测类似的策略在垃圾邮件中添加正常特征或在正常邮件中添加垃圾特征。尽管这种修改不会让人感觉到邮件异常,但是从机器学习模型的角度,此类样本添加到训练集,使得垃圾邮件和正常邮件的边界发生变化。如图 7-2 所示,图 7-2(b)是正常的训练数据,图 7-2(a)是在正常邮件中添加垃圾邮件特征,图 7-2(c)是在垃圾邮件中添加正常邮件特征。其中,图 7-2(a)使得垃圾邮件被识别为正常邮件的可能性增加,攻击者达到了目的。

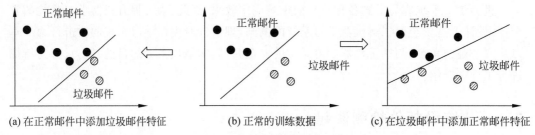

(a) 在正常邮件中添加垃圾邮件特征　　　　(b) 正常的训练数据　　　　(c) 在垃圾邮件中添加正常邮件特征

图 7-2　垃圾邮件分类的攻击示例

　　综上所述,对分类器的攻击要获得成功,与如下因素有关。

　　(1) 分类系统的漏洞。如训练数据的更新机制、邮件系统对请求的过滤、分类器模型等存在一些不完善的地方。

　　(2) 攻击者的目的。如把垃圾邮件变成正常邮件或把正常邮件变为垃圾邮件,抑或是扰乱分类器。

　　(3) 攻击者所拥有的知识。指攻击者对垃圾邮件检测系统的了解程度,包括特征词汇、分类器类型、决策阈值等。

　　(4) 攻击者的能力。指攻击者修改邮件的可行性以及修改程度的限制等。

　　(5) 攻击者所需要付出的代价。在邮件系统探测、邮件内容修改等过程中攻击者需要面临一定的风险。

　　这些因素最终都会影响攻击者的攻击行为实施效果,对于机器学习应用系统的安全性分析具有一定的普遍性,本章对这些因素进行了归纳介绍。

7.2　机器学习系统的漏洞

机器学习系统之所以会被成功攻击，是因为本身存在可以被攻击者利用的漏洞。正如其他软件系统一样，由于系统的复杂性，漏洞是不可避免的。为此，很有必要认清机器学习系统的漏洞。

1. 收集训练数据的开放性

由于机器学习系统用户可能会因为生活环境的改变而改变其行为习惯，系统需要不断地收集最新的用户行为数据，并据此重新训练分类器模型，这个过程是持续进行的。数据收集行为的开放性为攻击者恶意注入特定数据特征提供了可乘之机，持续的更新也使攻击者可以长远规划这种注入行为。

2. 应用界面的开放性

虽然分类器一般都是在后台运行，并不直接与用户交互，攻击者也无法直接交互，但是他们可以通过业务层面的用户界面获得分类器检测的反馈结果。例如，当用户发起请求时，如果行为能够被允许，则可以认为分类结果属于正常行为。这种反馈信息的可得性也为攻击者提供了探测分类器的途径。

3. 用户行为的可修改性

对抗环境下的分类器依赖于一些基本的用户信息及其行为特征，例如职业、所在行业以及诸如交易金额、转账对象等行为特征，这些信息中大部分是用户自己可以修改的，系统在没有限制的情况下，为攻击者伪装自己的个人信息和修改行为特征提供了途径。

4. 分类设计中的常识性知识

虽然分类器的原理或判断规则与攻击者隔离，但是每个领域存在的一些显性判断标准为攻击者提供了一定的启发。例如，对于垃圾邮件行为，某些词汇或符号用得多的邮件，在很大概率上会被判定为垃圾邮件。当前分类器设计无法罗列所有常识，并进行防御。

5. 跨领域、跨应用的相似性

虽然在不同领域和应用场景下使用分类器，但是恶意行为、攻击行为往往具有一定的相似性。例如对于保险的欺诈和银行支付的欺诈，虽然是两个不同的应用和分类器，但是在用户特征、行为特征上有一定相似性。这为攻击者利用其他领域知识提供了攻击途径。当前分类器在设计时，也无法对此类相似场景进行枚举。

6. 隐私的漏洞

在某些机器学习应用中，训练数据涉及个人敏感信息。由于敏感信息管理或数据处理过程的要求，可能产生隐私泄露。特别地，当分类器的功能由第三方开发或管理时，检测系统泄露隐私的可能性更是大大增加。

7.3 攻击者及其目的

从垃圾邮件检测系统的例子可以看出,在具有安全对抗性质的应用场景中,机器学习系统的攻击者可以分为以下四类。

(1) 机器学习模型的逃避者。他们的根本目的是逃脱系统的识别检测,让自己的行为能够顺利绕过检测系统,这种攻击为定向攻击。这类人员也是邮件系统的用户,但带有恶意意图。

(2) 机器学习模型的扰乱者。其主要目的是扰乱机器学习模型,除了让垃圾邮件被识别为正常邮件,也包括让正常邮件被识别为垃圾邮件,而不仅仅像第一类用户一样限于检测不出垃圾邮件行为的情况。

(3) 系统破坏者。这类攻击者的目的是攻击检测系统,使之变得不可用。其手段包括破坏系统中的基础设施等,使整个系统处于不安全状态。这类攻击者可能是业务的竞争对手,他们只是破坏系统运行。

(4) 隐私窃取者。这类攻击者的目标是获得系统中相关用户的个人隐私信息,这些信息存在于机器学习模型的训练数据中。

不同的攻击者有不同的攻击目标。对于机器学习系统的安全而言,更关注核心部件,即分类器的安全与隐私。因此,除了系统破坏者外,其他三种都是机器学习安全研究的重点,称为对抗攻击。

根据攻击者的攻击目标,可以将对抗攻击分为三类,即定向攻击(targeted attack)、非定向攻击(non-targeted attack)以及隐私窃取攻击。

(1) 定向攻击。指让目标模型将对抗样本分到指定的类别,对于对抗样本有明确的类别预期。例如在入侵检测中,对于入侵者而言,其目的是把入侵行为(如 DDoS)做适当修改,使得目标分类器能将其判定为正常行为。

(2) 非定向攻击。指只让目标模型将对抗样本分到错误的类别。对于入侵检测系统而言,修改 DDoS 入侵样本,除了变为正常类别外,也允许变为 IP SWEEP 等其他入侵类别,只要是不同于 DDoS 的类别即可。

相比于非定向攻击,定向攻击的目的性更强,对目标系统的危害更大,但攻击的难度也更高。对于二分类问题而言,定向攻击和非定向攻击是一样的。

(3) 隐私窃取攻击。前面两种攻击是针对分类结果的攻击,而隐私窃取攻击是针对个人敏感信息学习下的分类器进行隐私提取和推理的攻击。当机器学习系统存在个人敏感数据时,攻击者中还会有一类隐私偷窥者,他们的目的是获取系统中的用户信息。例如,在金融欺诈检测系统中,隐私攻击者对用户特征进行分析判断,其中包含个人信息,这类攻击者的目的就是获取这些用户信息。有别于其他类别用户,他们并不进行模型检测性能的攻击。

7.4 知识及攻击者能力

对于机器学习系统的攻击者而言,他们的攻击行为能达到什么程度的破坏性,取决于两方面因素。一是攻击者所掌握的知识,即对系统的了解程度和介入程度,包括分类器的类型、数据的特征空间等;二是即攻击者的能力,即攻击者利用知识进行攻击的能力,进行系统攻击的各种工具以及攻击者对 IT 知识的熟练程度等都是这方面的体现。下面对这两个因素进行详细介绍。

7.4.1 知识

知识包含内部知识和外部知识。前者指机器学习系统中的知识,后者指机器学习系统以外的知识。不管是内部知识还是外部知识,对于攻击者能力的提升都是有用的。

1. 内部知识

主要的内部知识有以下五种。

(1)原始数据:还没有经过处理的训练数据集;对于监督学习而言,包含标签信息。

(2)样本特征:经过特征处理完之后,最终用于分类器训练的属性集合。

(3)特征选择算法:从原始数据到数据特征之间的映射方法,通常包括信息增益、卡方统计等特征选择算法。

(4)特征提取方法:包括 SVD 分解、各种用于特征抽取的深度学习模型等。

(5)机器学习模型:可以是有监督的分类器,也可以是无监督的聚类算法等,模型的参数、结构也都属于这种知识。

知识是一种关于机器学习系统的客观表示,显然,攻击者掌握的知识不同,对机器学习系统的攻击效果会有所差别。为了便于进行攻击方法的归类研究,一般按照知识的不同,把攻击者所拥有的知识分为完全知识和不完全知识两大类。完全知识是攻击者知道机器学习系统的各种知识,即上述所列举的知识;不完全知识则是指拥有上述的部分知识。显然,完全知识下的攻击效果一般要优于不完全知识下的攻击效果。

2. 外部知识

目前,常用的机器学习模型可以总结为有限的几类。既可以按照大类来分,也可以按照小类来分。例如大类包括监督学习、无监督学习、强化学习、深度学习等;按照小类来分,监督学习包括 SVM、KNN、决策树、XGBoost 以及各种深度学习模型等。相同类型的机器学习模型在参数、损失函数、结构等方面也会存在一定的相似性,这种相似性可能被攻击者用来推断目标系统的具体细节或选择替代攻击模型。

此外,在分类器的应用中,存在一些开放数据,例如入侵检测领域的 NSL-KDD 数据集、口令安全领域的各个泄露数据集等,这些数据及其特征为攻击者针对特定目标的攻击提供了有价值的信息。

7.4.2 攻击者能力

攻击者能力是通过一定方法实现对机器学习系统知识利用的能力,往往需要改变自身的行为特征、数据操控方式等,使攻击样本符合目标系统的要求。

攻击者由于各自环境和条件的不同,所能运用的方法有所区别,因而利用知识的能力也会不同。例如内部用户对原始数据的获取能力比外部用户的获取能力要强,因为前者更容易接触到原始数据这种知识。

根据内部知识的不同,从弱到强,攻击者能力如下。

1. 访问机器学习应用系统的能力

机器学习系统的功能嵌入在应用系统中,攻击者通过访问应用系统来实现与机器学习系统的交互。不管哪个机器学习模型,最终都会在应用系统的用户界面中有所体现,因此成为攻击者了解模型的首选途径。

2. 训练数据的获取能力

训练数据是机器学习系统的输入,攻击者获取该数据集要寻找合适的途径、方式。例如,他可能需要对机器学习应用系统进行长时间的探测和漏洞扫描。此外,由于某些领域训练数据的可迁移性,这种获取能力也体现在对相关领域数据的获取上。

3. 操控训练数据的能力

操控训练数据的能力一般指攻击者修改、添加或删除训练数据的能力。训练数据通常位于机器学习系统的后端,可能由于其数据安全管理水平,导致攻击者可以操控这些数据。但攻击者需要具备一定网络和应用系统入侵和篡改的技能。

4. 获取样本特征空间的能力

获取样本特征空间指获得机器学习系统所使用的样本表示、所使用的特征及特征权重计算方法等。样本特征空间是对训练数据进行预处理、特征工程处理之后才能得到,因此,对样本特征的攻击要比原始训练数据难一些。

5. 获取机器学习模型的能力

模型知识包括模型类型、结构、参数、训练方式、超参数、损失函数等。这些知识是机器学习模型的核心,因此会受到严格的安全措施保护,需要攻击者具有很强的能力才能准确获取到。

7.5 攻击者的代价与收益

除了机器学习系统本身存在脆弱性而被攻击者利用外,攻击者在攻击过程中所付出的代价与收益也是影响攻击者决策的主要因素。当对机器学习系统的攻击难度很大,需要付出很大代价时,攻击行为就不一定会发生。在网络空间安全防御中,通常要增加各种安全措施,正是为了提升攻击难度。

网络空间安全中,不同攻击有不同的代价与收益。对于机器学习模型攻击而言,可以从以下三方面来分析攻击者的代价。

(1)攻击行为被发现而产生的风险:由此可能产生的风险包括拒绝本次的模型请求访问、攻击者标识(如账号、IP地址等)被列入黑名单,更严重的包括法律风险。

(2)攻击行为的时间成本:攻击者从准备阶段到实现攻击目标,需要经过系统侦测、查询、模型分析推理、样本特征修改等多个环节,而每个环节都需要一定的时间付出。

(3)攻击者的计算资源消耗:攻击者需要借助具有一定计算能力的设备来实现攻击,包括求解攻击样本所需要的计算资源、发起攻击请求所需要的网络带宽资源、样本标注所需要的人力资源等。

相应地,攻击者可以获得的收益分为以下三类。

(1)成功逃避机器学习系统的检测识别。

(2)成功干扰了机器学习系统的正常工作。

(3)从机器学习系统中获得个人隐私数据。

7.6 攻击行为与分类

在对抗环境中,入侵者、欺诈者和分类器之间存在行为上的对抗,一方面入侵者和欺诈者要想办法避免被分类器识别出来,而分类器要运用各种策略更加准确全面地检查出入侵者和欺诈者。双方的策略是"道高一尺,魔高一丈"的关系,具有显著的对抗特征。

7.6.1 攻击行为

根据前述各节对机器学习系统及其漏洞、攻击者、攻击能力和目标的描述,攻击者对机器学习系统的攻击行为可以按照机器学习过程进行划分,主要有以下五种攻击行为。

1. 针对训练阶段输入数据的攻击

当攻击者有能力接触原始数据时,攻击行为可以是修改数据中的标签、修改数据样本特征、向原始数据中注入标签与特征不一致的恶意数据,最终当这些数据参与到模型训练过程时,就会导致训练得到的模型无法正确区分攻击行为和正常行为。

2. 针对特征空间的攻击

当攻击者有能力获取分类器系统的特征空间时,特征集及每个特征的重要性就会被他们掌握。攻击行为可以是利用特征重要性来构造攻击样本、改变特征重要性突出对自己有利的特征。最终使得分类器训练时,所得到的模型在特征权重出现偏斜,导致分类器错误。

3. 针对分类器模型的逃避攻击

当攻击者有能力获得分类器模型时,分类器的决策函数、损失函数被攻击者掌握,这属于最核心的攻击目标。相应的攻击行为包括利用损失函数进行梯度计算、利用梯度选择最佳攻击特征、生成攻击样本、利用决策函数实施逃避攻击等。

4. 推理阶段的迁移攻击

当攻击者掌握了测试过程所使用的 API,可以直接与目标系统交互。首先构造测试样本并调用 API,根据 API 返回的结果对测试样本进行标注,当标注的样本数据足够大时,可以获得与训练样本具有相同分布的数据集。基于这个数据集,攻击者可以构建一个类似目标分类器的替代模型,从而基于该模型生成对抗样本,并迁移到针对目标模型的攻击上。

5. 对隐私信息的攻击

隐私是数据中的敏感信息,因此攻击行为可以发生上述各个环节,只是攻击者只关注隐私敏感数据。例如,在对抗样本生成过程中,攻击者构造某个人的特征属性,通过改变敏感属性的值,观测 API 的返回结果,从而可以获得敏感属性的取值情况。

7.6.2 攻击行为分类

攻击行为的分类方法有多种,下面进行归纳。

1. 根据攻击者对模型知识掌握的多少进行分类

(1) 白盒攻击:攻击者掌握了关于模型的所有知识,并可完全访问这些知识展开攻击。这些模型知识包括模型结构和参数、训练数据、超参数、激活函数、模型权重等。这是一种利用完全知识进行的攻击。

(2) 黑盒攻击:攻击者在没有掌握任何知识的情况下而开展的攻击,攻击者只能获得模型输出,包括标签或置信度信息。这是一种利用不完全知识进行的攻击。

(3) 灰盒攻击:介于白盒攻击和黑盒攻击之间,攻击者拥有部分关于目标模型的知识,也是一种利用不完全知识进行的攻击。

2. 根据攻击行为所针对的机器学习阶段进行分类

(1) 投毒攻击:发生在模型训练阶段,包括初始模型构建以及模型的更新阶段。它通过对训练数据注入恶意样本,使得模型学习到攻击行为特征。

投毒攻击又可以进一步分为普通投毒攻击、后门攻击。后门攻击目前只针对深度神经网络,在网络结构中植入后门或加入特殊数据块来训练产生后门。

(2) 逃避攻击:发生在模型使用阶段,攻击者通过向目标模型发送对抗样本以期绕过模型检测。在黑盒或灰盒的情况下,攻击者可以利用迁移攻击的策略来实现逃避。

3. 根据被攻击的机器学习模型类型进行分类

常见的机器学习模型包括监督学习、无监督学习、半监督学习等,有不同的分类方法。对于这些模型都有相应的攻击方法,存在一定差异。目前主要有针对监督学习和无监督学习的攻击。

第 **8** 章

对抗攻击的理论与方法

本章介绍对抗样本的概念,并归纳了对抗样本生成的方法体系,着重介绍了基于梯度的方法、基于优化的方法、ZOO 攻击样本生成、决策树攻击样本生成、普适扰动攻击样本生成、基于生成对抗网络的生成方法。这些方法可以用于白盒攻击、黑盒攻击或灰盒攻击。

8.1 对抗样本与方法

8.1.1 对抗样本及其存在性

对抗样本的概念最早由 C. Szegedy 等于 2013 年提出,他们通过在输入样本上添加小的扰动来干扰基于统计学习模型的图片识别,使之输出错误分类结果。由此证明了对抗样本的存在,并提出了对抗样本(adversarial examples)这一概念。随着研究的深入,对抗样本已经不局限于传统模型了。它是指攻击者通过各种方式给正常样本添加细微扰动,即可导致机器学习模型产生错误分类,但是这种扰动难以被人为识别出来,也就是扰动具备"外观不可感知"(quasi-imperceptible)的特点。

对于机器学习模型,之所以会存在对抗样本,目前研究发现的原因有以下两方面。

(1)模型的高度非线性性质导致了对抗样本的存在,这是 C. Szegedy 等于 2013 年针对支持向量机模型的研究提出来的。他们发现对抗样本位于数据流形的低概率区域,并不会被分类器模型学习到,因此分类模型边界与真实的决策边界并不重合,因而导致在两边界相交位置产生了分类错误的对抗样本。实际上,这个原因导致的对抗样本也存在于其他类型的模型。

(2)高维空间中机器学习模型的线性行为导致输入数据的维度高,使得模型泛化能力不足,无法充分学习到训练数据和标签的映射关系。I. Goodfellow 等针对神经网络模型的研究发现,对抗扰动对激活过程的影响会随着特征的维数线性地增长,特别是模型使用 ReLU 等线性激活函数时。因此,高维空间中对模型输入的每一维的细微扰动,都将对模型输出产生很大影响。

如图 8-1 所示,A、B 两个类别的真实判别边界如虚线所示,但实际上机器学习模型训练时,可能由于训练样本不足、模型最大化间隔等因素的影响,学习到的分类器如图 8-1 中直线所示,与真实边界不一致。这样,就产生了三个对抗样本区($\sharp$1、$\sharp$2、$\sharp$3),落入这些区域的样本都会被模型错分而人可以正确区分。

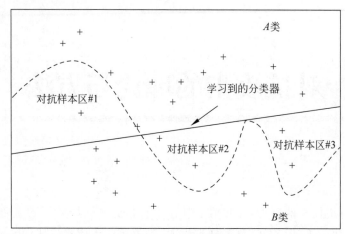

图 8-1 对抗区域的例子

关于对抗样本存在的原因,目前仍然是一个开放问题,还有一些原因尚没有被挖掘出来,还没有形成一致的结论。

8.1.2 对抗样本生成方法概述

1. 知识利用的角度

第 7 章把攻击者所拥有的知识分为完全知识和不完全知识两大类,在使用不同知识的条件下,对抗样本生成方法也会有差异。这里,进一步把当前主要的对抗样本生成方法进行归类。

1) 白盒攻击方法

在白盒攻击中,攻击者首先获取模型的结构和参数,再运用数学方法建立攻击目标函数,最后求解目标函数从而获得对抗样本。

白盒对抗样本生成使用的知识主要是目标模型的损失函数,通过函数的导数来获得对抗样本修改方向。主要的方法有基于梯度的方法(gradient-based method)、基于优化的方法(optimization-based method)以及基于生成模型的方法(generative model-based method)。

进一步,基于梯度的方法包含了 FGSM、PGD、MIM、BIM 等,基于优化的方法有 C&W(Carlini-Wagner)、L-BFGS、遗传算法等,基于生成模型的方法典型的有生成对抗网络(Generative Adversarial Networks,GAN)。

2) 黑盒攻击方法

黑盒攻击中,攻击者首先对目标系统进行探测,获得输入及相应输出构成的数据集。

在此基础上,可以运用多种方法来生成对抗样本。例如,基于对抗样本的迁移特性在本地训练白盒替代模型,然后将这些对抗样本迁移至目标模型,就能在目标模型的结构和参数未知的情况下发起对抗攻击。这是基于迁移的方法(transfer-based method)。

另一种情况,如果模型的输出是一个概率值或其他连续值,则可以用来估计梯度,进而构造对抗样本。这是基于分数的方法(score-based method),如 ZOO 攻击(基于零阶优化的黑盒攻击)就是其中一种。

此外,还有基于决策的方法(decision-based method),不通过梯度估算,而是随机生成一个可以造成目标模型预测错误的扰动,再在保证对抗能力的同时迭代地减小扰动的大小,生成对抗样本。

3）灰盒攻击方法

生成对抗网络(GAN)既可以用于白盒攻击,也可以用于灰盒攻击,是一种典型的灰盒攻击方法。对于给定输入实例,GAN 在递归收紧的范围内进行采样,在隐空间的邻域中搜索可能存在的对抗样本。

2. 其他角度

除了从攻击者所拥有的知识角度来看攻击样本生成方法,也可以从对抗样本生成的迭代过程、受扰动样本的范围以及扰动限制等角度来区分。

（1）根据对抗样本生成过程是否有迭代,分为一次计算和多次迭代优化。前者只进行一次计算即生成对抗样本;后者需要多次迭代更新来确定对抗样本。

（2）从受扰动样本的范围来看,可以分为针对个体的攻击(individual attack)和针对数据集的攻击(universal attack)。前者对单个干净样本添加不同的扰动;后者通过多轮迭代对整个数据集计算得到通用扰动,并叠加在所有样本上,在整体上评价攻击效果。目前的绝大多数攻击属于 individual attack。

（3）从扰动限制的角度,分为优化扰动(optimized perturbation)与约束扰动(constrained perturbation)。前者将扰动大小作为优化过程中的优化对象,能够生成人类无法区分的扰动最小的对抗样本;后者则只需在施加扰动后满足约束,生成足够小的扰动即可。

8.2　对抗样本生成方法

本节主要介绍用于对抗攻击样本生成的若干理论方法,研究人员仍在不断寻找新的攻击样本生成方法,可以阅读相关资料,在此不再赘述。

8.2.1　基于梯度的方法

机器学习模型训练的目标是让模型的损失函数最小化,以获得最合适的参数。而对抗攻击成功率的提升意味着分类器损失增大,因此,在攻击者可获得目标损失函数的情况下,可以使用基于梯度的求解方式。

1. FGSM

快速梯度符号法(Fast Gradient Sign Method,FGSM),之所以称为快速,是因为它只进行了一次计算,可以实现更快的对抗样本生成。

FGSM 是 I.Goodfellow 基于高维空间中机器学习模型的线性行为对输入扰动的敏感性解释而提出来的,基于这个线性解释,可以知道对抗样本广泛存在于各子空间中。在相同的梯度方向(即扰动方向)、不同的扰动幅度下提出的 FGSM 可以在连续子空间内产生多个对抗样本,也解释了对抗样本数量多且在不同模型之间存在移植性的原因。

在白盒攻击场景下,攻击机器学习模型所引起的损失函数,在设计上可以参考机器学习模型本身的损失函数(见 3.5.2 节)。

通过计算损失函数的导数,再使用符号函数得到梯度方向,即向着函数极值的方向,运用可控步长,就可以把不同的扰动量加在原始样本上。之所以不直接用导数,是因为当生成的扰动改变很小时,无法达到攻击的目的。

FGSM 的攻击样本生成表达如下:

$$x' = x + \varepsilon \cdot \text{sgn}(\nabla_x J(x,y)) \tag{8-1}$$

其中,x 是原始样本;y 是相应的类别标签;x' 是修改后的样本;ε 是步长;J 是损失函数;∇_x 是求得 x 处的梯度。对不同的数据集,应当设置不同的 ε 值。

2. PGD

投影梯度下降(Project Gradient Descent,PGD)也是一种迭代攻击,从给定的初始样本开始,通过小步多次迭代生成对抗样本,并且在每一小步后重新计算梯度方向。其迭代公式如下:

$$x'_{i+1} = x'_i + \varepsilon \cdot \text{sgn}(\nabla_x J(x'_i,y)) \tag{8-2}$$

其中,$i = 0,1,\cdots,n$,x'_0 是初始样本,n 是总迭代次数。

PGD 生成一个对抗样本的迭代过程的终止条件如下:①第 i 次迭代生成的对抗样本 x'_i 的类别与 x'_0 的类别不同;②达到了最大迭代次数 n。

当损失函数是非线性时,FGSM 执行一次梯度,修改方向并不一定正确,而 PGD 通过多步梯度,可以更好地找到攻击样本。因此 PGD 的攻击效果总体上比 FGSM 要好,但相应的计算量也远高于 FGSM。

当损失函数是线性时,损失函数对输入 x 的导数是常量,损失函数的梯度方向是不变的,因此在合适步长的情况下,FGSM 反而能获得更好的效果。

与 PGD 相似的攻击是基本迭代方法(Basic Iterative Method,BIM),有人认为 BIM 等价于无穷范数版本的 PGD,PGD 是 BIM 的变体。

3. ILLCM

最不可能类迭代法(Iterative Least-Likely Class Method,ILLCM)用于对图像的攻击。原理上,ILLCM 和 PGD 类似,不同点在于 PGD 是非定向攻击,而 ILLCM 则是针对特定目标,将原始图像最不可能被分到的类作为目标类。可以认为 ILLCM 是 PGD 针对有目标攻击的改进,用于产生指定类别的攻击样本,即生成一个对抗样本,该样本被错误地分类为指定的目标类。

迭代公式如下:

$$x'_{i+1} = x'_i - \varepsilon \cdot \text{sgn}(\nabla_x J(x'_i, y_{\text{target}})) \tag{8-3}$$

其中,$i = 0, 1, \cdots, n$,x'_0 是初始样本,n 是总迭代次数。与式(8-2)的区别在于,类别从真实标签 y 变为对抗攻击的目标 y_{target},对抗扰动项前面改成了负号,目的是使得模型优化目标 y_{target} 的分类概率增大。

4. MIM

动量迭代法(Momentum Iterative Method,MIM),类似于 PGD 迭代攻击。不同的是,MIM 对每次迭代的梯度方向赋予不同的权值,越近期的迭代,其梯度方向对当前梯度方向的影响越大。为此 MIM 引入一个 $(0,1)$ 之间的衰减因子来控制上一次迭代的衰减。在实现中,其迭代公式如下:

$$g_{i+1} = \mu \cdot g_i + \frac{\nabla_x J(x'_i, y)}{\| \nabla_x J(x'_i, y) \|_1} \tag{8-4}$$

$$x'_{i+1} = x'_i + \varepsilon \cdot \text{sgn}(g_{i+1}) \tag{8-5}$$

其中,$i = 0, 1, \cdots, n$；$x'_0 = x$；μ 是上一次迭代的衰减因子,其值越小,迭代轮次越靠前的梯度对当前的梯度方向影响越小；g_i 是当前迭代的梯度,每一次迭代对 x 的导数用 1-范数进行规范。

8.2.2　基于优化的方法

基于优化的方法把对抗样本当成一个变量,建立最优对抗样本应当满足的条件。

条件 1:对抗样本和对应的正常样本应该差距越小越好,也就是对抗样本不能被轻易发现。

条件 2:对抗样本要使得模型分类错,且相对于目标类的置信度越小越好。

由此,就把对抗样本的生成转化为优化求解问题。基于优化的方法来生成对抗样本会更加符合实际要求,应用上也比较灵活。C. Szegedy 等最初针对 SVM 的对抗样本生成就属于这种方法,L-BFGS、C&W、DeepFool 等算法都可以用来进行优化求解。

1. L-BFGS

C. Szegedy 等提出了使用对抗样本攻击 DNNs,并提出通过 L-BFGS(Limited-memory BFGS)方法产生对抗样本。BFGS 法是一种拟牛顿法,当优化问题规模很大时,其计算变得不可行。

L-BFGS 将求解最小扰动转化为凸优化问题,通过线性搜索 $c > 0$ 的所有情况,找到满足式(8-6)的 c 的近似值,即找到最小的损失函数添加项。

$$\min c \cdot \| x - x' \|_2^2 + \text{loss}_F(x', l) \tag{8-6}$$

其中,对抗样本 x' 和对应的正常样本 x 的差异使用 L2 范数的平方来度量,$\text{loss}_F()$ 是一个把输入样本映射到一个正实数的函数,它实际上是由条件 2 决定的,可由损失函数来定义。l 是对抗样本的类别。

相比于 L-BFGS,基于梯度的攻击样本生成方法的主要目标是快速而非最优,未必能产生最小幅度的干扰。

2. C&W

C&W 攻击是一种基于优化的攻击,名称由两位提出者 Carlini 和 Wagner 的姓名首字母组成。C&W 将攻击样本生成形式化为如下的公式:

$$r_n = \frac{1}{2}(\tanh(\omega_n) + 1) - X_n \tag{8-7}$$

$$\min \| r_n \| + c \cdot f\left(\frac{1}{2}(\tanh(\omega_n) + 1)\right) \tag{8-8}$$

$$f(x') = \max(\max\{Z(x')_i : i \neq t\} - Z(x')_t, -k) \tag{8-9}$$

其中,r_n 表示正常样本和对抗样本的差,但是针对对抗样本 x 做了 tanh 变换,使 x 可以在 $(-\infty, +\infty)$ 做变换,有利于优化。$Z(x)$ 表示样本 x 在类别空间上的分布,是分类器求解的中间结果。t 表示攻击目标类别,当 $\max\{Z(x')_i : i \neq t\} - Z(x')_t$ 或 $-k$ 的最大值最小时,对抗样本使得模型分类错误。k 是置信度(confidence),可以理解为 k 越大,那么模型错分且错成的那一类的概率越大。常数 c 是一个超参数,用来权衡两个 loss 之间的关系。

C&W 是一个基于优化的攻击,主要调节的参数是 c 和 k,根据实际攻击场景调整。它的优点在于,可以调节置信度,生成的扰动小,应对各种防御方法时比较灵活,但其优化的复杂度较高。

3. DeepFool

DeepFool 解决了 FGSM 中扰动系数 ε 选择的问题,并通过多次线性逼近实现了对一般非线性决策函数的攻击。

S. Moosavi-Dezfooli 等提出了 DeepFool 方法用于对深度神经网络生成对抗样本。其优化的目标是,实现攻击目标的同时让扰动尽可能小。DeepFool 也采用迭代方式,每一次迭代沿着决策边界方向前进,逐步地将分类结果向决策边界另一侧移动,当跨越决策边界就停止迭代,此时可以得到导致分类器分类错误的对抗样本。

和 FGSM 相比,DeepFool 算法生成的是(近似)最小干扰,因此生成的对抗样本的扰动更小更精确;但该算法所添加的扰动大小或步长与基于梯度的方法一样,由攻击者自行设定。

除了上述优化方法外,还有 Jacobian-based Saliency Map Attack (JSMA)、遗传算法等。

8.2.3 ZOO 对抗样本生成

在黑盒场景下,攻击者无法获得攻击目标损失函数的梯度,只能对目标分类器进行查询,并获得响应信息,在此基础上构建替代模型或运用伪梯度生成攻击样本。ZOO 攻击的全称是基于零阶优化的黑盒攻击(zeroth order optimization based black-box attacks)，是一种新型的基于伪梯度的黑盒攻击样本生成方法。

从基于梯度的攻击方法可以看出，对于成功的对抗攻击，不必准确地计算损失函数的梯度，例如 FGSM 只需要用梯度的符号函数来生成对抗样本。所以，即使零阶估计不够准确，也有望达到一定的攻击成功率。ZOO 攻击便是基于这样的出发点，对目标模型进行查询，在此基础上估计梯度，即伪梯度。

ZOO 攻击对损失函数的梯度进行零阶优化，估计梯度值，主要的理论介绍如下。

1. 梯度估计公式

对于多维函数 $f(x)$，在 x_i 处的梯度可以用对称差分近似为

$$g'_i = \frac{\partial f(x)}{\partial x_i} \approx \frac{f(x + he_i) - f(x - he_i)}{2h} \tag{8-10}$$

这里，h 是一个很小的常数；e_i 是一个标准基向量，只有第 i 维是 1，这样估计的误差大概是 $O(h^2)$。

对 p 维空间中的一个点(即包括各个维度)进行梯度估算，需要查询目标系统的次数为 $2p$。当 p 比较大时，目标系统需要的查询量还是非常大的。

2. 二阶梯度值的估计

$$h'_i = \frac{\partial^2 f(x)}{\partial x_{ii}^2} \approx \frac{f(x + he_i) - 2f(x) + f(x - he_i)}{h^2} \tag{8-11}$$

通过式(8-10)和式(8-11)分别计算两个梯度估计值，就可以直接对 x 进行梯度下降优化了。可以采用的方法包括牛顿法等。

8.2.4　决策树对抗样本生成

决策树是一种常见的分类方法，它从给定的训练集中学习一组 if…then…else 的分类规则，并将这组规则以树的形式组织起来。树的节点有内部节点和叶节点，内部节点表示一个特征或属性，叶节点表示一个分类结果的类别。每个内部节点封装了一个 if…then…else 规则，节点的测试结果对应着不同分支输出。在决策树构建过程中，运用信息增益准则为各节点选择特征属性。在决策树生成的后期需要进行剪枝，避免树结构过于庞杂。

针对决策树的对抗样本生成不同于前述方法，它不是可导的模型。这里基于一个实例介绍一种生成思路[2]。如图 8-2 所示，对于给定的样本 x，为了生成对抗样本，首先找到其对应的叶节点，对应的类别是 3；然后通过父节点 g 找到另外子树的所有叶节点，并且这些叶节点的类别标签与给定样本 x 的标签不同，称为目标类{1,2}；接着，获得从给定样本到预期的被攻击类节点之间的路径，即{g,i}；最后基于这些节点的属性值对给定的样本 x 进行扰动，得到对抗样本 x'。可以看出，x' 是在 x 的基础上对最小的属性进行扰动得到的，并且将 x' 分为目标类，达到攻击目的。

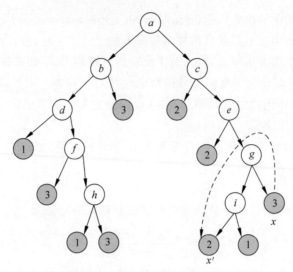

图 8-2　决策树的对抗样本生成[2]

8.2.5　普适扰动对抗样本生成

前面所述的对抗样本生成方法都是以某个正常样本为基础,添加合适的扰动而得到攻击样本,即 individual attack。而普适扰动(universal perturbation)对整个数据集计算得到适用于所有样本的通用扰动,并叠加在所选定的样本上以生成对抗样本。目前主要针对 DNN 和图像数据,计算普适扰动以实现对抗样本攻击。

普适扰动求解一个通用的扰动,通过累计数据集中每个样本所需的扰动,使得大多数样本能在施加扰动后被误分类。在具体实现上,该方法首先基于一个训练数据集求得普适扰动,然后该扰动可以叠加在具有相同分布的其他数据样本上,从而能以较大概率产生对抗样本。

在训练过程中,对每个样本进行迭代,逐步构建扰动向量。普适扰动使用 DeepFool 的优化方法,计算当前点 x 扰动后 $x+v$ 到分类器决策边界的最小扰动 Δv_i,从而得到新的扰动;通过多次迭代能够找到满足要求的通用扰动。训练过程的形式化如下,其中预期扰动是指扰动向量的最大幅度,预期精度是整个数据集中能被误分的比例。

输入:

数据样本集 X,分类器 k,预期扰动 φ,扰动样本的预期精度 δ

输出:

普适的扰动向量 v

处理步骤:

(1) 初始化 v 为零向量。

(2) 当未达到扰动精度的预期要求时,对 X 中的每个样本 x_i 执行如下处理:如果当前扰动 v 无法改变样本 x_i 的分类结果,即 $k(x_i+v)=k(x_i)$;计算把 x_i+v 推动到决策边界所需要的最小扰动 Δv_i;用 $v+\Delta v_i$ 代替扰动向量 v。

如图 8-3 所示，A、B 是两个类的分类区域，对于样本集 $X=\{x_1,x_2\}$，x_1 获得的扰动量为 v_1，x_2 获得扰动增量 Δv_1，从而使得 X 中的每个样本在 $v=v_1+\Delta v_1$ 的作用下最终都能改变分类结果。

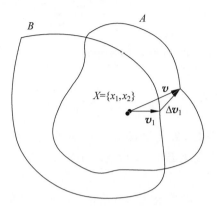

图 8-3 普适扰动的例子

S. Moosavi-Dezfooli 等在自然图像数据集上的实验证明，这一方法产生的普适扰动在数据集和模型上都具有可迁移性。对于新加入的数据点只需要添加一个已经计算好的普适扰动即可生成对抗样本，而不必考虑数据点内在属性，也不需要解决优化问题或进行梯度计算，这使得对抗样本生成更简单。

该方法生成的普适扰动攻击成功率随训练集的规模扩大而提高。这一方法的潜在缺点在于，无法保证对所有新的数据点都生成能够攻击成功的对抗样本。

8.2.6 基于生成对抗网络的生成方法

前述两类基本的对抗样本生成方法中，基于梯度的方法在生成速度上较快，但是不能保证成功进行攻击；而基于优化的方法迭代过程慢，且一次只能对一个样本进行优化。此外，这两种方法要求攻击者掌握一定的知识，包括特征空间、梯度等，属于白盒攻击。基于生成对抗网络(GAN)进行对抗样本的生成，一般不需要获取太多的知识，适用于攻击实施难度较高的灰盒攻击和黑盒攻击，也可以同时生成大规模的攻击样本。

1. GAN 原理

目前已经发展出多种变体 GAN，适用于具体领域的对抗样本生成。这里主要介绍 GAN 的原理及其常见变体。

如图 8-4 所示，GAN 的网络结构由两部分组成，分别是生成器(Generator，G)和判别器(Discriminator，D)。虚线代表信息反馈，把判别器的输出结果反馈给生成器和判别器。GAN 的结构是一种松散的耦合方式，没有限制 G 和 D 必须要采用何种具体结构。

G 的目标是在不直接接触真实数据的情况下，学习真实数据的分布 $P_{\text{data}}(x)$。D 的目标则是判断输入的数据是 G 生成的假数据或是真实数据，并输出相应的概率值。因此，GAN 的整体优化目标是一个极小化极大问题，如式(8-12)所示。

$$\min_{G}\max_{D}V(D,G)=E_{x\sim P_{\text{data}}(x)}\big[\log D(x)\big]+E_{z\sim P_z(z)}\big[\log(1-D(G(z)))\big] \quad (8\text{-}12)$$

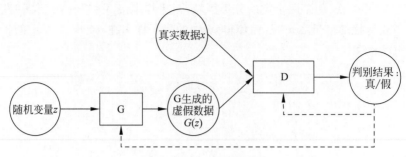

图 8-4　GAN 的网络结构

该式的含义是,优化 D 的参数,最大化真实样本,最小化生成样本;优化 G 的参数,使得生成样本尽可能为真,即最大化 $D(G(z))$ 或最小化 $1-D(G(z))$。最终,减小了生成样本与真实数据的差异。

为了获得最优的 G 和 D 的参数,GAN 采取了一种独特的对抗式训练优化方法,包括两个主要步骤。

第一步,固定 G,即保持其参数在整个 GAN 的迭代中不会发生变化,然后优化 D。

从式(8-12)可以看出,当 G 固定时,由于 $D(x)$ 输出结果的区间为 $[0,1]$,因此 $\log D(x)$ 与 $\log(1-D(G(z)))$ 的取值范围均为 $(-\infty,0]$,为了使得公式最大化,$D(x)$ 的输出值必须接近 1,$D(G(z))$ 输出的值接近 0。这就意味着,D 成功识别了真实样本与生成样本。

第二步,固定 D,然后优化 G。

此时从式(8-12)可以看出,$E_{x\sim P_{\text{data}}(x)}[\log D(x)]$ 不变,因此只需考虑公式的第二个加项 $E_{z\sim P_z(z)}[\log(1-D(G(z)))]$。此时,为了该式最小化,只能确保 $D(G(z))$ 的值接近 1。而这意味着最大化生成样本,因此在这种情况下,D 无法分辨出 G 生成的样本和真实样本。

不断重复上述两个步骤,最终在 G 和 D 之间实现平衡,使二者都达到最优状态。

2. GAN 的变体

自从 GAN 被提出后,在图像、视频、语音等多个不同应用领域取得了成功的应用,在最优情况下,G 生成的假数据有着以假乱真的效果,使得 D 完全无法分辨该数据究竟是 G 生成的假数据还是真实数据。

但是 GAN 在实际应用中也存在一些棘手的问题,主要在于模型训练困难、容易发生不稳定、生成数据不可控的情况。为此,许多 GAN 的变体结构不断被提出来。主要的有条件生成对抗网络(Condition GAN,CGAN)、信息生成对抗网络(InfoGAN)、Wasserstein 生成对抗网络(Wasserstein GAN,WGAN)、带有梯度惩罚的 Wasserstein 生成对抗网络(Wasserstein GAN gradient penalty)等。

下面简要介绍一下主要的改进思路方法。

1) CGAN

GAN 的训练目标是使 G 生成的数据分布与真实分布一致,但无法指定要生成的数据的类别,这就是所谓的 GAN 不可控问题。

为此,M. Mehdi 等提出了条件生成对抗网络(CGAN),CGAN 从输入信息的角度对

GAN 进行了改进。在 G 和 D 的输入端增加了一个输入变量 y,也称为条件变量。y 可以是标签、描述文字、图片等,这样就可以用来学习真实数据中的条件分布了。特别地,当 y 是类别标签时,CGAN 就是一种有监督的学习,在对抗样本的定向攻击中有一定用途。

CGAN 的网络结构如图 8-5 所示。

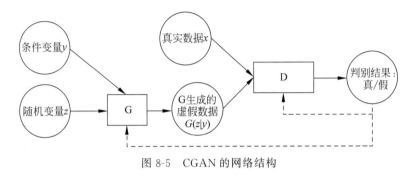

图 8-5　CGAN 的网络结构

在目标优化函数设计上,相比于 GAN,数据分布变为条件分布。CGAN 的目标函数与 GAN 类似,只是在 G 和 D 的输入部分增加了条件变量 y,目标函数的形式如式(8-13)所示。

$$\min_G \max_D V(D,G) = E_{x \sim P_{\text{data}}(x)}\left[\log D(x \mid y)\right] + E_{z \sim P_z(z)}\left[\log(1 - D(G(z \mid y)))\right]$$

$$(8\text{-}13)$$

CGAN 的训练步骤也与 GAN 类似。

2) WGAN

M. Arjovsky 等证明了 GAN 的损失函数等价于最小化真实数据分布与生成数据分布的 J-S 散度。而 J-S 散度是一种对称的 K-L 距离,因此当两个分布之间没有重叠或重叠很少时,J-S 散度将会趋向常量。为了避免 GAN 训练中出现梯度消失的情况,M. Arjovsky 等从损失函数的角度对 GAN 进行了改进,提出了 WGAN 模型,使用一种 Wasserstein 距离取代 GAN 中的 J-S 散度计算方法。

Wasserstein 距离的计算公式:

$$W(p_{\text{data}}, p_z) = \inf_{\gamma \sim \prod(p_{\text{data}}, p_z)} E_{(x,y) \sim \gamma}\left[\parallel x - y \parallel\right] \qquad (8\text{-}14)$$

其中,$\prod(p_{\text{data}}, p_z)$ 代表真实数据分布 p_{data} 和生成数据分布 p_z 构成的联合分布集合,从其中任意一个联合分布 γ 采样得到一个真实样本 x 和一个虚假样本 y,然后计算出它们之间距离的期望 $E_{(x,y) \sim \gamma}\left[\parallel x - y \parallel\right]$。而 $\inf_{\gamma \sim \prod(p_{\text{data}}, p_z)} E_{(x,y) \sim \gamma}\left[\parallel x - y \parallel\right]$ 指对所有可能分布的集合取期望值的下界。

Wasserstein 距离也称为推土机距离,$E_{(x,y) \sim \gamma}\left[\parallel x - y \parallel\right]$ 的含义就是把 x 这堆沙土移动到 y 位置的消耗,而 $W(p_{\text{data}}, p_z)$ 就是移动这段路程的最低消耗。Wasserstein 距离比 J-S 散度优越的地方在于,即使两个分布没有重叠或者重叠部分很少时,仍然可以反映出两个分布的距离。

3) IWGAN

IWGAN 是一种改进型的 WGAN,在 WGAN 损失函数中对权重增加了惩罚项,使得在原始数据和生成数据中间地带的样本权重尽量小[3]。新的目标函数定义如下：

$$\min_G \max_D V(D,G) = E_{x \sim P_{\text{data}}(x)}[\log D(x)] + E_{z \sim P_z(z)}[\log (1 - D(G(z)))] +$$

$$\lambda E_{\hat{x} \sim P_{\hat{x}}}[(\parallel \nabla_{\hat{x}} D_w(\hat{x}) \parallel_2 - 1)^2] \tag{8-15}$$

其中，$\lambda E_{\hat{x} \sim P_{\hat{x}}}[(\parallel \nabla_{\hat{x}} D_w(\hat{x}) \parallel_2 - 1)^2]$ 为新增加的惩罚项，λ 为惩罚系数；$\parallel \nabla_{\hat{x}} D_w(\hat{x}) \parallel_2$ 为 D 的梯度，若 D 的梯度过大或过小，$(\parallel \nabla_{\hat{x}} D_w(\hat{x}) \parallel_2 - 1)^2$ 的值都会过大，导致 D 的损失变大。为了保证 D 的损失不会太大，$\parallel \nabla_{\hat{x}} D_w(\hat{x}) \parallel_2$ 的值会保持在 1 左右，最终将梯度稳定下来。

参考文献

[1] Chen P Y, Zhang H, Sharma Y, et al. ZOO: Zeroth order optimization based black-box attacks to deep neural networks without training substitute models[C]. AISec, 2017: 15-26.

[2] Papernot N, McDaniel P, Goodfellow I J. Transferability in machine learning: From phenomena to black-box attacks using adversarial samples[EB/OL]. arXiv preprint arXiv: 1605. 07277, 2016. https://arxiv.org/abs/1605.07277v1.

[3] Gulrajani I, Ahmed F, Arjovsky M, et al. Improved training of wasserstein GANs[C]. In Advances in Neural Information Processing Systems, 2017: 5767-5777.

第 **9** 章

典型的对抗攻击方法

针对机器学习应用的对抗攻击,可以发生在训练阶段或测试阶段。针对这两个阶段的攻击方法各异,前者主要是投毒攻击,后者主要是逃避攻击。本章主要介绍典型的对抗攻击方法以及针对图像、自然语言、口令的对抗攻击案例。

9.1 投毒攻击

9.1.1 投毒攻击场景

投毒攻击指向训练数据添加攻击样本,以影响分类器的正常工作。正如第 7 章所述,投毒攻击也有定向攻击和非定向攻击之分。一些典型的场景如下:

(1)在垃圾邮件分类器的训练阶段,往训练集中的垃圾邮件加入正面词汇,可使得训练得到的分类器在推理阶段将正常邮件误分类为垃圾邮件;反之,在正常邮件中加入负面词汇等特征,则容易导致垃圾邮件绕过分类器检测。这是两种不同的定向投毒方式。

(2)网络入侵者采用投毒方法使训练数据中的恶意样本在某些特征上与正常行为一样,令分类器在后续的检测中容易将正常判定为入侵。

以垃圾邮件投毒为例,要能够成功投毒,需要满足如下条件:

(1)分类器需要定期重新训练;

(2)训练数据来自邮件系统的实际邮件;

(3)攻击者知道往邮件中添加什么词汇以及如何修改邮件。

在现实条件下,这些条件都比较容易得到满足,投毒攻击场景具有一定的普遍性。从这些例子可以看出,往训练数据中添加攻击样本进行投毒并不是攻击者最终的目的。它的最终目的是让分类器在今后的推理测试阶段对未知样本的分类产生错误结果,实现定向或非定向攻击。

通常,针对训练数据的投毒攻击方法有以下四种。

1. 修改标签

投毒者只能修改样本的标签。对于二元分类器,这种投毒也称为标签翻转。典型的场景如众包标注,如果标注者存在恶意攻击者,则他可以随意给某些样本打上错误标签,但不能修改特征数据。

2. 插入带毒样本

投毒者只能插入样本数据,但不能确定其标签。例如,垃圾邮件的发送者可以任意编辑邮件,包括在邮件中添加非垃圾特征等,但是此样本最终被标注为什么标签,投毒者无法决定。

3. 增加样本数据及其标签

投毒者可以增加训练数据集中的样本特征数据及其标签。在一些应用中,用户可以编制数据样本,同时也可以为之指定类别标签。

4. 增量式投毒

投毒者知道分类器会不定期更新模型,他可以通过测试当前模型的分类情况,来决定后续投毒样本的特征和(或)标签,从而随着模型的迭代而不断地制造带毒样本。

9.1.2 投毒攻击的原理

由于 SVM 直观、可解释性强,这里以 SVM 分类器为例,介绍第三种投毒攻击方法的运用。为了简化问题,假设攻击者的目标是构造一个样本,当它加入训练数据集后能最大限度地降低分类器的精度。而对于定向攻击等其他攻击,在分析问题上并没有太大差别,只是目标函数有所不同。

由于高维空间搜索困难,在生成攻击样本时,一般都是以某个现有的样本作为初始点,然后再进行迭代,直到优化的最佳位置,即作为最后的新增加的投毒样本。如图 9-1 所示,是一个二分类(A、B 两类)问题,图中黑实线表示线性 SVM 分类器的决策边界,基于间隔最大化和支持向量得到。图 9-1(a)是正常样本,图 9-1(b)是添加了一个投毒样本的情景。以训练样本 p_0 为初始点进行迭代修改,假设最终得到攻击样本 $p_c(x_c, y_c)$,可以看出把该攻击样本添加到训练数据集中,决策边界也会受到很大影响。这种投毒方法,在选择合适的投毒样本时,最终导致在推理阶段样本被错误分类识别的可能性增大。

投毒攻击就是往数据集中添加攻击类样本,使得测试样本产生错分的概率增大。这里从形式化的角度进行分析。对于 SVM 分类器而言,攻击者的目标是添加一个样本 (x_c, y_c) 到现有训练集中,使得分类器模型在给定的验证集上获得最大化损失。在该目标下,A 被分为 B 或 B 被分为 A 都是允许的。

$$\max_{x_c} L(x_c) = \sum_{k=1}^{m} (1 - y_k f_{x_c}(x_k)) \tag{9-1}$$

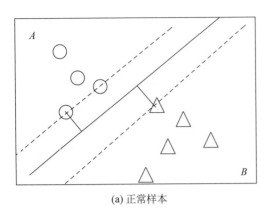 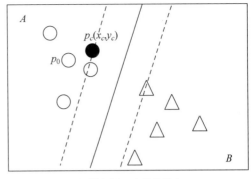

(a) 正常样本　　　　　　　　　　(b) 添加了一个投毒样本

图 9-1　SVM 投毒攻击示意图

其中，m 是验证集的样本数；y 是样本标签，取值范围为$\{-1,+1\}$。f_{x_c} 表示样本 x_c 加入训练集后训练得到的分类器，$f_{x_c}(x_k)$ 即分类器，$f_{x_c}(x_k)<0$ 则 x_k 为负例，否则为正例。如果 x_k 被正确分类，则 $1-y_k f_{x_c}(x_k)=0$，因此式(9-1)是分类错误的样本总数。$L(x_c)$ 表示添加样本 x_c 后，分类器在验证集上的损失。

由于目标函数是非凸函数，可以使用梯度上升方法来迭代式优化，假设攻击点初始为 x_c^0，那么在每次迭代更新时按照如下公式进行：

$$x_c^p = x_c^{p-1} + t\boldsymbol{u} \tag{9-2}$$

其中，p 表示迭代次序；$\boldsymbol{u}$ 表示攻击方向的归一化向量；t 是步长。

显然，为了最大化目标函数，攻击方向 $\boldsymbol{u}$ 与梯度方向一致。单样本 SVM 投毒算法输入训练集、验证集、初始攻击点及其类别标签、迭代步长，算法输出最终的攻击样本，具体流程如下。

输入：

　　训练集 D_{tr}，验证集 D_{val}，初始攻击点及其类别标签 x_c^0、y_c，迭代步长 t

输出：

　　最终的攻击样本

步骤：

　　由 D_{tr} 训练得到 SVM 模型

　　$k=0$

　　repeat

　　　　由 $D_{tr} \cup \{x_c^p, y_c\}$，对当前的 SVM 模型进行增量式训练

　　　　在验证集上，计算 $\dfrac{\partial L}{\partial \boldsymbol{u}}$

　　　　设置 $\boldsymbol{u}$ 为与 $\dfrac{\partial L}{\partial \boldsymbol{u}}$ 对齐的单位向量

　　　　$k=k+1$，$x_c^p = x_c^{p-1} + t\boldsymbol{u}$

　　until $L(x_c^p) - L(x_c^{p-1}) < \varepsilon$

　　return x_c^p

初始攻击点 x_c^0 可以从样本数据集中随机复制得到,经过迭代后得到 x_c^p。在迭代过程中,使用增量 SVM 训练。通过梯度方向决定攻击样本的移动方向,直到前后两次迭代损失函数的值之差小于设定的数。根据第三种投毒攻击方法,初始投毒样本的标签 y_c 可以是任意的。实际操作时可以根据定向与非定向攻击来选择,对于后者,可以进一步根据不同类别之间修改的难易程度来决定,例如 A 修改为 B 比 B 修改为 A 容易,则选择 A 作为初始样本。

从算法流程可以看出,攻击者应当具有的知识包括训练集、分类器类型,属于完全知识攻击。

9.1.3 基于天池 AI 的 SVM 投毒实现

这里以对抗鲁棒性工具箱(Adversarial Robustness Toolbox,ART)提供的一个针对 SVM 分类器的投毒攻击为例[2],介绍该方法的实现,并查看攻击效果。该例使用鸢尾花数据集(IRIS)作为训练集(IRIS 是 sklearn 自带的数据集[13]),学习训练 SVM 分类器,对 SVM 分类器进行投毒攻击。关于 ART 的安装使用见 14.3 节。

该数据集包含三个类型的鸢尾花,即 Setosa、Versicolour 和 Virginica。数据集中包含四个特征:花萼宽度 petal_width、花萼长度 petal_length、花瓣长度 sepal_length、花瓣宽度 sepal_width,单位都是 cm,共有 150 条记录。为了便于可视化,实验中只选择两个特征。

ART 实现了 9.1.2 节的单样本 SVM 投毒算法。

主要代码及过程介绍如下。

1. 加载相关的包,包括 SVM 分类器、数据集和 SVM 投毒攻击

```
from sklearn.svm import SVC, LinearSVC
from sklearn.datasets import load_iris
from art.estimators.classification import SklearnClassifier
from art.attacks.poisoning.poisoning_attack_svm import PoisoningAttackSVM
```

2. 加载鸢尾花数据集(IRIS),只提取其中的两个类别数据,用于训练二元分类器

```
def get_data():
    iris = load_iris()
    #X 是样本特征,Y 是标签
    X = iris.data
    y = iris.target

    X = X[y != 0, :2]
    y = y[y != 0]
    labels = np.zeros((y.shape[0], 2))
    labels[y == 2] = np.array([1, 0])
    labels[y == 1] = np.array([0, 1])
    y = labels
    n_sample = len(X)
    order = np.random.permutation(n_sample)
```

```
    X = X[order]
    y = y[order].astype(np.float)

    # 数据集分割,90%用于训练,10%用于测试
    X_train = X[:int(.9 * n_sample)]
    y_train = y[:int(.9 * n_sample)]
    train_dups = find_duplicates(X_train)
    X_train = X_train[train_dups == False]
    y_train = y_train[train_dups == False]
    X_test = X[int(.9 * n_sample):]
    y_test = y[int(.9 * n_sample):]
    test_dups = find_duplicates(X_test)
    X_test = X_test[test_dups == False]
    y_test = y_test[test_dups == False]
    return X_train, y_train, X_test, y_test
```

3. 定义对抗样本的生成方法,attack_idx 是初始数据点在数据集中的索引号

```
def get_adversarial_examples(x_train, y_train, attack_idx, x_val, y_val, kernel):
    # 使用 scikit-learn SVC 训练 SVM 分类器,构造一个鲁棒的分类器模型,在 scikit-learn
    # 分类器上做了封装,clip_values 是特征的最小值和最大值构成的元组
    art_classifier = SklearnClassifier(model = SVC(kernel = kernel), clip_values = (0, 10))
    art_classifier.fit(x_train, y_train)
    # 获得初始点的向量 init_attack 及其对应的标签 y_attack,根据需要选择其中一种标签
    # 设置
    init_attack = np.copy(x_train[attack_idx])
    # 攻击目标是另一类时使用下面语句
    y_attack = np.array([1, 1]) - np.copy(y_train[attack_idx])
    # 攻击目标是同一类时,使用下面语句
    # y_attack = y_train[attack_idx]

    # 调用 PoisoningAttackSVM,执行投毒攻击,0.001 是迭代的精度,1.0 是步长,攻击的最大迭
    # 代次数 max_iter = 100,同时需要指定训练集和验证集
    attack = PoisoningAttackSVM(art_classifier, 0.001, 1.0, x_train, y_train, x_val, y_
val, max_iter = 100)
    final_attack, _ = attack.poison(np.array([init_attack]), y = np.array([y_attack]))
    return final_attack, art_classifier

# 选择核类型
kernel = 'linear' # ['linear', 'poly', 'rbf']

# 0 为所指定初始样本的索引号
attack_point, poisoned = get_adversarial_examples(train_data, train_labels, 0, test_
data, test_labels, kernel)
clean = SVC(kernel = kernel)
art_clean = SklearnClassifier(clean, clip_values = (0, 10))
art_clean.fit(x = train_data, y = train_labels)
```

利用该段程序来观察在加入一个带毒样本时,分类器会产生怎样的变化。如图 9-2 所示,分类器所划分的两类样本所在的区域分别用深色和浅色标识,带圆圈的点是支持向量,两类样本数据点分别用空白三角形和实心圆表示。图 9-2(a)和图 9-2(b)是 Linear 核下的分类器学习和攻击效果,图 9-2(c)和图 9-2(d)是 RBF 核下的分类器学习和攻击效果。

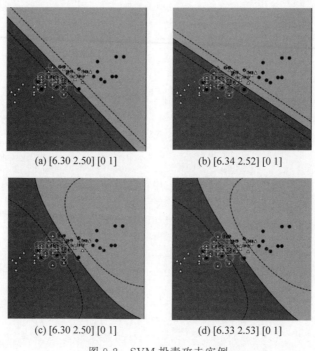

(a) [6.30 2.50] [0 1]   (b) [6.34 2.52] [0 1]

(c) [6.30 2.50] [0 1]   (d) [6.33 2.53] [0 1]

图 9-2　SVM 投毒攻击实例

图 9-2(a)和图 9-2(c)是在原始数据集上训练得到的分类器,实线是分类器的判别函数,虚线是 SVM 的间隔边界。图 9-2(b)和图 9-2(d)是当投毒点的标签和初始点一样时,训练得到的分类器。例如,对于第一行,所选择的初始点坐标是[6.30 2.50],其标签的 one-hot 编码是[0 1],最终计算得到的投毒点是[6.34 2.52]。可以看出分类器的判别函数已经发生变化。需要注意的是,投毒点和初始点位置差别不大,在图中基本重叠在一起。对于 RBF 核的分类器,也能看出判别函数发生了变化。

上面的程序实现了一个投毒样本的攻击,如果要添加多个投毒样本,可以使用 ART 提供的 generate_attack_point 函数,以指定的参数为初始点进行迭代获得投毒点。

```
kernel = 'linear'
art_classifier = SklearnClassifier(model = SVC(kernel = kernel), clip_values = (0, 10))
art_classifier.fit(train_data, train_labels)

y_attack = np.array([1, 1]) - np.copy(train_labels[0])
attack = PoisoningAttackSVM(art_classifier, 0.1, 1.0, train_data, train_labels, test_
data, test_labels, max_iter = 100)
```

```
temp_X = []
temp_Y = []
for i in range(0, 5):
    x_adv_example = attack.generate_attack_point(train_data[i], train_labels[i])
    temp_X.append(x_adv_example)
    temp_Y.append(train_labels[i])
temp_X = np.array(temp_X)
temp_Y = np.array(temp_Y)
# 将生成的5个点堆叠到训练集中,就可以使用X、Y进行训练,对投毒后的模型进行测试
X = np.vstack((train_data[5:], temp_X.squeeze()))
Y = np.vstack(((train_labels[5:], temp_Y)))
```

9.1.4 手写数字分类器的投毒

1. SVM 投毒的例子

MNIST 是一个包含手写数字的图片库,通常用于手写数字分类[1]。这里以 5 和 6 两个手写数字图像分类为例,说明其投毒攻击过程。这是二分类问题,因此可以直接使用 SVM 分类器对这两组图像进行训练和测试。每个灰度图片大小是 28×28 像素,总特征数为 $28\times28=784$,每个图片被表示为 784 维的向量。像素值直接作为特征值,并按照 255 对向量元素进行归一化。

假设在投毒攻击中,攻击者以 5 作为分类器的攻击目标。使用 9.1.2 节的单样本 SVM 投毒算法进行投毒攻击。如图 9-3 所示,显示了投毒攻击迭代过程的示意效果。

(a) 原始图片 (b) 攻击后的图片

图 9-3 手写数字识别的投毒攻击

图 9-3(a)是被选中的原始图片,即初始样本 x_c^0;图 9-3(b)是使得分类器发生错误分类的投毒样本,即把这类投毒样本加入训练集后,能导致相应的分类器产生更多的分类错误。直观上看,投毒攻击修改原始样本,使得新样本接近另外一个类别。投毒样本的生成过程迭代到什么时候停止,应当满足:①分类器在验证集上的误分率最大;②投毒样本不能轻易让人发现。如图中的 5 为例,生成的投毒样本看起来有点像 6,这是通过算法的 ε 参数控制的,当然其标签仍为 5。基于某个初始样本进行迭代修改生成投毒样本的方法,可以更容易满足这两个条件。

2. 对神经网络的投毒攻击

这里使用 FGSM 对神经网络进行投毒攻击,使用 MNIST 手写数字图像数据。为了

实验,使用如图 9-4 所示的神经网络来构建特征空间,并用于手写数字分类。

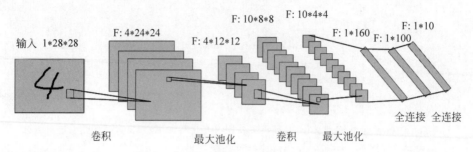

图 9-4　用于手写数字识别的神经网络结构

具体代码示例如下。

```python
import torch.nn as nn
import torch.nn.functional as F
import torch.optim as optim
import numpy as np

from art.attacks.evasion import FastGradientMethod
from art.estimators.classification import PyTorchClassifier

# 神经网络结构
class Net(nn.Module):
    def __init__(self):
        super(Net, self).__init__()
        self.conv_1 = nn.Conv2d(in_channels = 1, out_channels = 4, kernel_size = 5, stride = 1)
        self.conv_2 = nn.Conv2d(in_channels = 4, out_channels = 10, kernel_size = 5, stride = 1)
        self.fc_1 = nn.Linear(in_features = 4 * 4 * 10, out_features = 100)
        self.fc_2 = nn.Linear(in_features = 100, out_features = 10)

    def forward(self, x):
        x = F.relu(self.conv_1(x))
        x = F.max_pool2d(x, 2, 2)
        x = F.relu(self.conv_2(x))
        x = F.max_pool2d(x, 2, 2)
        x = x.view(-1, 4 * 4 * 10)
        x = F.relu(self.fc_1(x))
        x = self.fc_2(x)
        return x

(x_train, y_train), (x_test, y_test), min_pixel_value, max_pixel_value = load_mnist()
x_train = np.swapaxes(x_train, 1, 3).astype(np.float32)
x_test = np.swapaxes(x_test, 1, 3).astype(np.float32)
model = Net()
criterion = nn.CrossEntropyLoss()
```

```
optimizer = optim.Adam(model.parameters(), lr = 0.01)

classifier = PyTorchClassifier(
    model = model,
    clip_values = (min_pixel_value, max_pixel_value),
    loss = criterion,
    optimizer = optimizer,
    input_shape = (1, 28, 28),
    nb_classes = 10,
)
# 演示代码用训练集的前 6000 条样本训练模型
classifier.fit(x_train[:6000], y_train[:6000], batch_size = 128, nb_epochs = 2)
predictions = classifier.predict(x_test)
accuracy = np.sum(np.argmax(predictions, axis = 1) == np.argmax(y_test, axis = 1)) /
len(y_test)
print("在原始测试集上的准确率为: {}%".format(accuracy * 100))

# FGSM 攻击生成对抗样本
attack = FastGradientMethod(estimator = classifier, eps = 0.2)
x_test_adv = attack.generate(x = x_test[:1000])
predictions = classifier.predict(x_test_adv)
accuracy = np.sum(np.argmax(predictions, axis = 1) == np.argmax(y_test[:1000], axis =
1)) / len(y_test[:1000])

# 把对抗样本加入训练集,重新训练分类器,模拟投毒攻击
poison_classifier1 = PyTorchClassifier(
    model = model,
    clip_values = (min_pixel_value, max_pixel_value),
    loss = criterion,
    optimizer = optimizer,
    input_shape = (1, 28, 28),
    nb_classes = 10,
)
poison_classifier1.fit(x_test_adv, y_test[:1000], batch_size = 128, nb_epochs = 2)
new_test_x = x_train[6000:7000]
new_test_y = y_train[6000:7000]
predictions = poison_classifier1.predict(new_test_x)
accuracy = np.sum(np.argmax(predictions, axis = 1) == np.argmax(new_test_y, axis = 1)) /
len(new_test_y)
print("投毒 FGSM 攻击样本的分类器准确率为: {}%".format(accuracy * 100))
```

从天池 AI 平台上的运行结果可以看出,神经网络模型在原始测试集上的准确率为 94.15%。分别用 FGSM 和 PGD 攻击扰动 eps=0.2 时生成的对抗样本作为中毒训练集,然后训练新的分类器,模拟投毒攻击。可以看到,投毒 FGSM 攻击样本的分类器准确率为 78.8%,而投毒 PGD 攻击样本的分类器准确率为 85.9%。

9.2 后门攻击

随着攻击手段的深入挖掘,越来越多的投毒攻击方法不断出现,后门攻击(backdoor attack)就是其中一种典型的方法。在传统网络空间安全中,后门攻击指绕过安全控制机制而获取对程序或系统访问权的方法。后门攻击得以成功,首先要在目标系统中安装后门。例如,攻击者可以通过发送电子邮件,诱使使用者打开藏有木马程序的邮件或文件,这些木马程序就会在主机上创建一个后门。之后,攻击者就可以向该后门发起各种请求,并由后门程序执行,从而实现攻击者对目标系统的控制。

机器学习算法无论是统计学习模型还是深度学习模型,都会自动地在训练数据中寻找与标签有强相关性、独有的特征。机器学习模型的后门攻击也借鉴了网络安全的后门攻击和机器学习学习特征的原理,分为创建后门和利用后门发起攻击两个过程。所谓后门,应当满足以下三个条件。

(1)在一般情况下,后门中隐藏的恶意功能并不起作用,因而在后门没有发作时,并不影响模型的正常使用。

(2)后门具有一定隐蔽性,不会轻易被人发现,可以无限期地保持隐藏状态。

(3)拥有触发后门恶意功能的条件,一般是输入的数据中存在特定的模式,从而导致后门执行恶意功能。

机器学习模型的后门攻击目前只针对深度神经网络,在网络结构中植入特定模块或加入特殊数据块并训练产生后门。BadNets 就是一种能够植入后门的深度神经网络[3]。在训练数据中加入特殊数据块的方法,目前主要针对图像识别分类。图 9-5 是两组图像分类的数据集,分别用于训练模型进行交通信号的识别和手写数字的识别,其中既有正常样本,也有加入特殊数据块(即图中的黑色小方块)的攻击样本。同时攻击者已经将这两个攻击样本的标签分别指定为"不停车"和数字"1",那么,它们就构成了后门样本。当使用这些数据进行训练时,就会得到一个植入后门的网络模型。该模型对正常样本进行分类将得到正确的结果,而当样本带有后门特殊数据块时,就可能得到攻击者所指定的标签。

(a) 交通信号的识别

(b) 手写数字的识别

图 9-5　训练数据样本集

显然,后门攻击性能与后门样本数量有关。训练数据集中的后门样本数量越多,训练得到的模型对于正常图片的识别错误率越高;而对于带后门触发器的图片,其识别错误率越低。此外,后门攻击成功率也与图像中的触发器是否容易被人或机器发现有关,因为针对后门攻击的防御方法首先会在数据层面上进行检测。为了解决这个问题,有的后门攻击引入了隐藏触发器技术[4],例如水印等,但这会限制真实攻击场景。

鉴于需要触发的后门存在一定问题,有研究人员提出无触发的后门攻击,即直接操纵机器学习模型,无须输入数据的触发。植入这种后门的方法之一是利用神经网络在训练时随机丢弃(即 dropout)一定比例的神经元,攻击者选择一个或多个已被 dropout 的神经元,操纵训练过程,将对抗行为植入神经网络。

但这种方法只适用于神经网络,并且具有 dropout 的架构,同时攻击者还需要控制整个训练过程,而不仅仅是访问训练数据。无论如何,无触发后门目前是风险很大的攻击方法,代表了机器学习对抗攻击的一种新思路。

9.3 逃避攻击

逃避攻击是针对目标分类器测试使用阶段的攻击,攻击者并不参与模型训练的相关过程。攻击者可以单独发起逃避攻击,绕开分类器检测;也可以先发起对分类系统的投毒攻击,然后再进行逃避攻击,实现更强的攻击。但不管如何实施逃避攻击,它都属于对抗样本攻击,核心技术是对抗样本生成方法。

9.3.1 逃避攻击场景

机器学习模型训练完成之后,攻击者有若干途径可以与模型交互,并在交互过程中进行逃避攻击。根据第 7 章关于攻击方法的总结,逃避攻击的攻击者可以实施三种攻击,分别使用于不同的场景。

1. 白盒攻击场景

白盒攻击场景指攻击者掌握了机器学习模型所有参数的场景。虽然在实际应用中这种场景并不现实,但因为掌握的知识越多,攻击效果越好,通常可以用来检验模型抗攻击能力的安全边界。例如,在机器学习模型安全的评估中,评估人员可以进行白盒攻击,来获得该模型在最坏情况下的分类性能。

2. 黑盒攻击场景

黑盒攻击场景不需要限定攻击者掌握模型信息,即攻击者可以对模型一无所知。这种场景下实施攻击,需要对目标应用进行查询,并获得响应。构造查询-响应集,基于该数据集可以进一步进行替代攻击、迁移攻击等。分类系统的外部攻击者一般只能进行黑盒攻击。

3. 灰盒攻击场景

介于上述两种攻击假设之间,也是一类常见的攻击场景,但灰盒的程度取决于对不同知识的假设。

9.3.2 逃避攻击原理

这里以二元分类器为例,给出逃避攻击的形式化描述,着重介绍基于优化方法的攻击建模,而基于梯度、ZOO、GAN 等其他方法的逃避攻击可以在相应方法的基础上进行。

　　假设有一个二分类算法 $f:X \rightarrow Y$,其中,X 是特征空间,Y 是标签集 $\{-1,1\}$,-1 和 1 分别表示正常类和异常类。

　　使用数据集 $D=\{x_i,y_i\}$,$i=1,2,\cdots,n$,训练得到分类器 f,对于测试样本 x,分类器通过判别函数 g(把 x 映射到实数域)得到 x 的标签。假设:

$$f(x) = \begin{cases} -1, & g(x) < 0 \\ 1, & g(x) > 0 \end{cases} \tag{9-3}$$

从而得到 x 的预测标签。

　　基于上述表示,接下来介绍如何生成对抗样本,以期逃过分类算法。这里假设攻击者的目标是让分类器把异常类识别为正常类,实施定向攻击。

　　由于样本的特征空间通常很大,如果采用直接获取样本特征值的方式来生成逃避样本,其特征值搜索空间将会非常大。此外,实际常见的场景是攻击者如何对异常样本进行修改,使得该样本被判定为正常。

　　在攻击时,一般先假设有一个初始样本,然后采用修改样本特征值的策略,只要保证修改后的样本正好落入正常类即可。如果该异常样本自身离正常类有很大距离,那么相应的修改量也会很大;修改量越大,对攻击者的能力要求越高。

　　因此,形式化地描述攻击者的逃避攻击目标。

　　定义 x_0 为初始攻击样本(这里是异常类样本),最优的策略是修改 x_0 得到新的样本 x^*,如果 $g(x)$ 是某种反映样本到决策边界的距离函数,那么修改策略应使得 $g(x)$ 取得最小值,即

$$x^* = \arg \min_x g(x) \tag{9-4}$$

其限制条件是

$$d(x,x_0) \leqslant d_{\max} \tag{9-5}$$

　　式(9-4)之所以采用最小值函数,是因为 $g(x)$ 反映了分类的置信度,正常样本的判别函数 $g(x)<0$,因此,在 $d_{\max}$ 的限定下,最小化 $g(x)$ 值就表明修改后的样本 x 成功跨过类别决策边界。一个理想的 $d_{\max}$ 应当使得这种修改不超过真实边界,以避免样本被过度修改,这个思路也符合 8.1.1 节所述的对抗样本存在性原理。

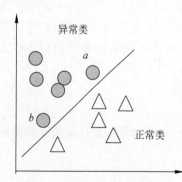

图 9-6　密集区域对攻击样本
选择的影响

　　除了从修改量的角度限定攻击样本外,在对抗应用的环境下,还需要考虑生成的逃避攻击样本可能被防御者发现的问题。应当使得修改后的样本落入正常类样本的密集区域,因为相比于稀疏区域,攻击样本更不容易被识别出来。如图 9-6 所示,对于 a 和 b 两个样本,选择 a 样本来修改就更合适,因为在同样的修改量内,a 修改后能够落入正常类的密集区域。

　　基于这样的考虑,可以在上述目标函数中加入一个估计样本密度的成分。修改后的样本 x 附近的密度越大,目标函数的值应越小,因此,对于 SVM 分类而言,式(9-4)可以进一步改写为[5]

$$x^* = \arg\min_x g(x) - \frac{\lambda}{n} \sum_{i|y_i=-1} k\left(\frac{x - x_i}{h}\right) \tag{9-6}$$

其中,k 是核密度估计器;h 是其参数;n 是攻击者可以获得的正常样本数量。$\lambda(\lambda \geqslant 0)$ 是一个权重参数,用于控制密集区域的影响;$\lambda = 0$ 就退化为式(9-4)对应的不区分密集区域的情景;λ 越大,逃避样本落入被攻击类的密集区域的机会越大。

该优化问题可以通过梯度下降来求解。与 9.1.2 节的单样本 SVM 投毒算法类似,该算法需要的输入参数包括初始攻击点、迭代步长,除此之外,还需要提供密集区域影响权重 λ、样本最大修改量 d_{max}。当求得优化结果 x^* 后,攻击者就可以获得逃避样本在各个特征维度上的相对于原始样本的修改量,从而可以在实际攻击中使用。

采用梯度方法来求解逃避样本生成问题要求 $g(x)$ 是可导的。下面是若干判别函数的梯度。

(1) 线性分类器:线性分类器的判别函数是 $g(x) = wx + b$,其中 w 是一个 n 维实数空间中的特征权重向量,b 是偏置。因此,其梯度是 $\nabla g(x) = w$。

(2) 支持向量机:支持向量机的判别函数是 $g(x) = \sum_i \alpha_i y_i k(x, x_i) + b$,对应的梯度是 $\nabla g(x) = \sum_i \alpha_i y_i \nabla k(x, x_i)$。

其他典型的核函数也都存在梯度。

9.3.3 手写数字识别的逃避攻击

MNIST 数据集是可用于手写数字识别的数据集,每个数字可以表示为 $28 \times 28 = 784$ 维空间中的向量,对特征值除 255 进行了归一化使得每个特征值落在$[0,1]$。以其中的 3 和 7 样本为训练数据,随机选择 100 个训练样本,使用线性核的 SVM 为分类器,攻击者的目标是让分类器把 3 误分为 7。

在对对抗样本进行优化求解时,首先要确定式(9-5)的样本距离计算方法。样本之间距离的计算方法有多种,Lp 范数是常见的方法之一。p 的取值不同,距离的物理含义也有一定差异,在衡量迭代过程中攻击样本的变化方面也有所差别。对图像进行样本修改,针对的是其中的像素。式(9-5)决定了修改量,从人的视觉感官来看,这种修改量应当是每个像素的变化量之和。因此选择 L1 范数来计算前后两次迭代的图像差异。

为了直观理解对抗样本迭代求解过程,选择一张 3 的图片作为初始样本 x_0,设定 $d_{max} = 5000/255$,迭代步长是 $10/255$。由于每个像素的最大值是 255,d_{max} 的含义是在一个手写数字图片中最多可以修改的灰度像素值是 5000,平均每个像素可以修改的值是 $5000/784 \approx 6.4$。

图 9-7 给出了对抗样本迭代过程的示意图。图 9-7(a)是原图,即初始攻击点,图 9-7(b)和图 9-7(c)是 $\lambda = 0$ 时产生的对抗样本,图 9-7(d)和图 9-7(e)是 $\lambda = 10$ 时产生的对抗样本。图 9-7(b)和图 9-7(d)是在迭代过程中某一次产生误分类的图片,而图 9-7(c)和图 9-7(e)是更多次迭代后产生的逃避样本。

当 $\lambda = 0$ 时,对抗样本生成没有考虑密集区域,最终生成的逃避图片[图 9-7(c)]与 3 并不相似,但还是能被误分类为 3。这种图片很容易在事后被检查出来,所以作为对抗样本并不合理。当 $\lambda=10$ 时,攻击图片[图 9-7(e)]和目标类相似,是更加合理的对抗样本。这是因为加入了权重因子,使得对抗样本更加合理。

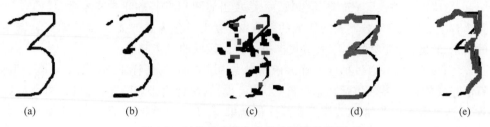

(a)   (b)   (c)   (d)   (e)

图 9-7　对抗样本优化求解的迭代示意图

从对抗攻击的理论来看,上述方法属于一种基于优化的对抗样本生成。除了这种方法以外,还可以使用第 8 章介绍的其他方法来生成对抗样本。下面介绍如何运用基于梯度的 FGSM 和 PGD 来生成逃避攻击样本。

仍以 MNINST 数据为例,使用的分类器是神经网络模型,模型的定义与 9.1.4 节一样。

```
# 导入数据集
(x_train, y_train), (x_test, y_test), min_pixel_value, max_pixel_value = load_mnist()
# 分类器模型训练
classifier = PyTorchClassifier(
    model = model,
    clip_values = (min_pixel_value, max_pixel_value),
    loss = criterion,
    optimizer = optimizer,
    input_shape = (1, 28, 28),
    nb_classes = 10,
)
# 演示代码用训练集的前 6000 条样本训练模型
classifier.fit(x_train[:6000], y_train[:6000], batch_size = 128, nb_epochs = 2)
predictions = classifier.predict(x_test)
accuracy = np.sum(np.argmax(predictions, axis = 1) == np.argmax(y_test, axis = 1)) /
len(y_test)
print("在原始测试集上的准确率为: {}%".format(accuracy * 100))

# 使用 FGSM 生成对抗样本,参数 eps 对应于迭代步长 ε
attack = FastGradientMethod(estimator = classifier, eps = 0.05)
x_test_adv1 = attack.generate(x = x_test[:1000])
predictions = classifier.predict(x_test_adv1)

# 执行 PGD 攻击,最大迭代次数设置为 10
attack = ProjectedGradientDescentNumpy(estimator = classifier, eps = 0.1, max_iter = 10,
verbose = False)
pgd_adv1 = attack.generate(x = x_test[:1000])
predictions = classifier.predict(pgd_adv1)
accuracy = np.sum(np.argmax(predictions, axis = 1) == np.argmax(y_test[:1000], axis =
1)) / len(y_test[:1000])
print("扰动 eps = 0.1 时分类器的准确率为: {}%".format(accuracy * 100))
```

对程序进行测试,并改变不同的参数,可以发现,在原始测试集上的准确率为95.88%。

对于 FGSM 和 PGD 攻击,在步长相同时,相同的测试集在分类器上的准确度如表 9-1 所示。从程序可以看到,FGSM 攻击的调用只要指定分类器和步长,如果步长合适,攻击效率就比较高,而 PGD 攻击采用多次迭代,整体上的攻击成功率更好。

表 9-1 FGSM 和 PGD 攻击效果

eps	FGSM	PGD
0.1	68.0%	65.4%
0.15	42.8%	35.6%
0.2	22.5%	6.2%

9.4 迁移攻击

在目标模型不为攻击者所知的情况下,即黑盒或灰盒的攻击场景,攻击者无法通过梯度来实现快速攻击。然而,这并不意味着目标模型处于安全状态。针对黑盒、灰盒的模型攻击方法有多种,典型的有基于 ZOO 进行伪梯度计算以及基于替代模型的迁移攻击等。在第 8 章给出了 ZOO 的伪梯度计算方法,本节介绍迁移攻击。

迁移攻击利用了攻击样本的迁移特性,即对一种模型的扰动通常也会对其他模型产生扰动。这是目前基于大量实验得到的结论,但是对于攻击样本存在迁移特性的原因还在探索中。一般认为,训练样本有限,无法覆盖整个特征空间,由此训练得到的分类器必定无法准确体现类别之间的边界。由于训练数据的问题,不同模型在寻找边界时会存在这样的共同特征,因此,一个分类器分类错误的样本在另外的分类器中也很可能是错误的。

对抗样本的迁移性和对抗样本生成算法有一定关系,不同方法生成的样本迁移性能是不同的。例如,单步的梯度优化 FGSM 生成的对抗样本具有的迁移能力比多步的 PGD 要强。

在黑盒攻击中可以利用对抗样本的这种特性,如图 9-8 所示,基本思路包含两个过程:生成替代训练数据集和生成对抗样本。替代数据集指与目标模型的训练数据集有类似的属性特征和分布的数据集。

在第一个过程中,攻击者需要通过三个步骤来构造替代数据集。非白盒的情况下,攻击者通过构造查询请求并发送给目标模型,然后从目标模型获得响应信息。这里的目标请求是包含某些特征的样本 x,经过多次的请求后,可以得到一个 $\{x_i, y_i\}$ 形式的数据集,其中 y_i 是样本的标签。进一步对该数据集进行过滤、增强等处理得到最终的替代数据集。

攻击者构造好替代数据集后,尽管他对目标模型的类型一无所知,但是可以通过尝试不同的模型,并选择最合适的分类器来拟合替代数据集,从而建立目标模型的替代模型(或称影子模型)。基于该模型,就可以在本地运用白盒攻击方法生成对抗样本,使用这些对抗样本去攻击目标模型。

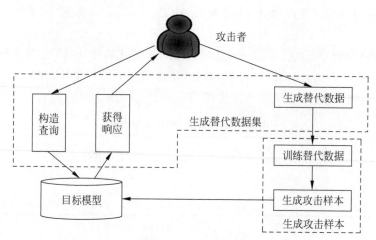

图 9-8　迁移攻击

在这个过程中,替代模型与目标模型并不一定相同,这种利用一种模型生成对抗样本去攻击另一个模型的方法,就称为迁移攻击。

针对目标模型的黑盒攻击,如果攻击者所选择的替代模型和目标模型完全相同,那么两个模型寻找到的训练数据训练分类边界的差异度就会比较小。这种差异度的大小可以定义为模型的迁移性,差异度越小,迁移性越好。

运用迁移攻击可能遇到的主要技术问题如下。

(1)提升构造替代数据集的效率。由于替代数据集的构造需要与目标模型有足够次数的查询交互,而在对抗应用环境下,对目标模型的大量查询请求会引起目标系统的警惕性提升,从而可能导致查询请求无法进行。典型的案例就是爬虫采集服务器的数据,当爬虫请求多次后可能会遇到服务器的反爬虫。

(2)选择合适的替代数据集扩充方法。由于替代数据集在构造过程中受到了查询次数的限制,因此可能需要对查询得到的数据集进行扩充。一些数据增强的方法,可以用于数据集的扩充。

(3)选择合适的替代模型。虽然目前有多种分类器模型,但是否存在某类分类器生成的对抗样本对大部分分类器都具有更好的攻击效果?是否存在某类分类器生成的对抗样本对大部分分类器的攻击效果都很差?如果有,那么就可以为攻击中替代模型的选择提供一些先验知识。

9.5　自然语言对抗样本生成

9.5.1　自然语言对抗攻击的场景

自然语言文本的分类有很多应用场景,也有不少是对抗环境下的应用,因此,自然语言的对抗攻击也是机器学习模型安全的重要问题之一。

许多应用领域都需要自然语言对抗样本生成,典型的有垃圾邮件的分类、垃圾短信的识别、谣言检测、不良信息过滤等。在垃圾邮件分类中,发送者通过修改邮件文本内容来生成不易被人发现的、又能绕过检测的邮件。在电商网站的商品评论中,评论者要写差评提醒后来的购物者,但是他又不希望评论被网站检测为差评。在弹幕系统中,发送者对辱骂文本进行扰动,使线上弹幕过滤系统将其识别成非辱骂样本而被显示出来,污染网络环境。

但是,区别于图像、音/视频分类的攻击,自然语言文本的对抗攻击要难得多。这是因为图像包含丰富的高频信息,对它进行修改不容易被察觉,但是对于现有 DNN 等分类器都会产生误分。文本的字词是离散值,在字词上进行扰动,高频信息少。因此,文本上的小扰动会产生明显的视觉效果,特别是人们不太熟悉的句子更是如此。

因此,从攻击者的角度看,就需要把对抗样本的生成延后到文本处理的后续环节。如图 9-9 所示,攻击点可以是原始自然语言文本、向量数据,甚至可以是文本概率表示中的概率分布。只要攻击者具有存取分类系统中的词向量的能力,那么他就可以在词向量层面发起攻击。

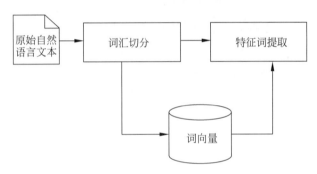

图 9-9 自然语言文本的对抗攻击点

也许有人会认为,可以通过嵌入的方式把文本映射到连续空间,然后在原始文本的层面做修改。但是损失函数求解的结果仍需要转换为离散值才能进行词汇修改,而由于高维空间的稀疏性,这个转换过程获得词汇可能在语义上有很大变化。

本节针对向量数据表示的文本、原始文本的对抗样本生成,介绍了相关的方法。同时,考虑到自然语言对抗样本生成的特殊性,涉及两种典型的场景:一是以给定的文本为基础进行对抗样本生成;二是根据特定的场景或上下文,生成新文本,属于伪文本。它们本质上都具有对抗的性质。

9.5.2 文本情感分类的逃避攻击

IMDB 是一个著名的文本情感分类数据集,以该数据集为例介绍针对文本分类器的对抗攻击。由于自然语言文本的特殊性,需要对 IMDB 数据集进行预处理,去除 html 标签及非字母的字符。这里演示的是针对向量表示的文本进行对抗攻击的过程。

1. 使用 IMDB 文本数据作为训练集,训练 word2vec 词向量

```
num_features = 300      # 词向量取 300 维
min_word_count = 40     # 词频小于 40 个单词就去掉
```

```
num_workers = 4              # 并行运行的线程数
context = 10                 # 上下文滑动窗口的大小
model_ = 0
# 使用 CBOW 模型进行训练
model = word2vec.Word2Vec(sentences, workers = num_workers, vector_size = num_features,
min_count = min_word_count, window = context, sg = model_)
# 保存模型
model.save("300 维 word2vec 词向量模型.model")
```

2. 把原始文本转换为向量表示

把 IMDB 中每条评论文本转换为向量,方法是对其中每个词汇的 word2vec 词向量求平均。

```
def to_review_vector(review, model = 'word2vec'):
    words = clean_text(review, remove_stopwords = False)
    vocab = word2vec_embedding.wv
    array = np.asarray([word2vec_embedding.wv[w] for w in words if w in vocab], dtype =
'float32')
    return array.mean(axis = 0)

train_data_word2vec = [to_review_vector(text, 'word2vec') for text in df['review']]
```

3. 训练分类器

根据文本向量集 train_data_word2vec,分离出训练集和测试集。

```
model_svm = svm.SVC()
model_svm.fit(x_train[:2500], y_train[:2500])
print('SVM score: ', model_svm.score(x_test[:1000], y_test[:1000]))
with open("SVM.pickle", "wb") as f:
    pickle.dump(model_svm, f)
classifier = SklearnClassifier(model = model_svm)
```

4. 执行对抗样本生成,以 FGSM 为例

```
attack = FastGradientMethod(classifier)
svm_adv = attack.generate(x = np.array(x_test[:1000]))
print('攻击后 SVM: ', model_svm.score(svm_adv, y_test[:1000]))
```

可以发现,针对 IMDB 词向量的表示方法,FGSM 攻击方法使得 SVM 分类器的 score 值从 0.856 下降到了 0.144,产生了很大的攻击效果。其他的分类器如逻辑回归、决策树、CNN 等,以及不同的对抗样本生成方法,都可以在这个程序框架中进行实验。

9.5.3　原文本的对抗样本生成

尽管在原始自然语言文本上的扰动要难得多,但仍然有很多实际攻击的需求。目前

主要依赖于对文本进行字词扰动,但是需要在视觉层面进行优化,使得人们看到之后能知道文本所要传达的信息。这里被扰动的句子称为原始样本,扰动后的句子称为对抗样本。

由于文本扰动会导致句义的改变或产生语法错误,甚至容易被人类识别出来,因此在扰动策略设计上,目前主要的做法如下[6]:

1. 同字形替换

把原始样本中的词汇用相同字形的词汇来代替。例如,"王"和"玉"、"并"和"井"等都属于同字形的字。

2. 同音形替换

把原始样本中的词汇用相同音形的词汇来代替。例如,"不好"和"补好"、"快乐"和"快了"等都属于同音形的字。

3. 拼音替换

用拼音来代替中文词汇。例如,"完美"用"wanmei"代替,"轻便"用"qingbian"代替。

4. 插入特殊字符

在词汇中间插入一个特殊字符,包括空格、&、％、＄等。例如"一卡通"变换为"一卡％通"。

5. 字形拆解

对于一些左右型的字,可以采用左右拆解。例如,"好"可以用"女子"代替,"机"可以用"木几"代替。

6. 同义词替换

与前5种策略不同,该策略并不会导致字词变形,而是试图用语义上相近的词汇来代替。例如,"高兴"用"兴奋"代替。

这些策略都与具体语言环境有关,对于中文、英文等不同语言,在选择策略方面会有所不同。

在对给定的原始样本运用这些策略时,要选择其中的重要句子、重要词汇,以利于对抗样本的生成。这里的重要性衡量取决于具体的分类应用,例如在文本情感分类中,重要词汇通常是一些带有情感色彩的词汇;对于商品评论分类,重要词汇则可能是一些反映评价观点的词汇。表9-2是对一段评论的修改,对抗样本中下画线部分是修改过的。

可以看出,由此产生的对抗样本已经没有情感词汇,分类器将它识别为正确的情感类别的可能性很小,同时人们在阅读这些评论时,仍可以感受到其表达的情感倾向。

表 9-2 文本对抗样本

原始评论文本	对抗样本
电视音质很差,售后说电视就是这种配置,态度较差,买了之后很后悔	电视音质很 cha,售后说电视就是这种配置,态度交叉,买了之后很后悔
这电视不错,价格便宜,服务很好,辛苦了快递员	这电视不搓,价格 pianyi,服务很 hao,辛苦了快递员

由于一个句子中可能存在多个重要词汇,但是如果每个词汇都进行替换,会使对抗样本变形得太厉害,让接收者无法理解,失去文本内容本身的价值。另一方面,如果替换的词汇太少,则分类器在推理时可能把对抗样本检测出来。因此,通常需要进行优化,在文本理解和对抗成功之间寻求平衡,也就是在文本分析任务的攻击效果和人类感官效果之间寻求最佳的扰动,这相当具有挑战性。在优化中,可以使用的方法包括种群优化算法等智能优化算法。

针对情感分类和蕴含关系推断的文本分析任务[7],提出了一种基于种群的黑盒优化算法。针对给定的句子和目标类别,寻找最合适的修改方法,属于黑盒定向攻击,使用该算法产生语义和语法上保持一定相似性的对抗样本。对这两类任务分类器的欺骗成功率分别可达 97%、70%。

其研究的假设是,攻击者对目标模型只能进行黑盒攻击,即对模型结构、参数或训练数据一无所知,只能具备对目标模型的查询能力。

与一般对抗样本类似,文本对抗样本生成算法的目标是改变给定样本的分类结果,最小化修改的词汇数量,保留修改前后的语义相似度并满足一定条件。将该目标的求解看作优化过程,方法上可以通过种群优化算法来实现,避免通过梯度优化的问题。

对于给定的句子和预期的目标类别标签,主要的流程如图 9-10 所示。

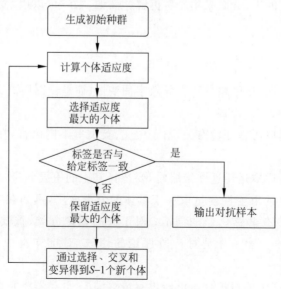

图 9-10 基于种群优化的文本对抗样本生成

在这个流程中,个体适应度是句子的预测概率。由于是黑盒攻击,适应度函数的计算需要通过查询被攻击的分类器 f 来实现。算法中种群规模为 S,每次迭代保留适应度最大的个体,其余的 $S-1$ 个个体通过种群个体的选择、交叉和变异生成。

具体而言,三个种群优化操作如下:选择操作是对当前种群的个体(句子)根据适应度大小进行随机选择;交叉操作是按照交叉概率 p 对当前种群中的两个句子进行交叉,句子中的位置以均匀分布方式进行采样,得到交叉点从而得到新的句子 x_{new};变异操作是对句子中词汇进行修改。

由此可见变异能力决定对句子词汇的修改能力,而交叉操作只决定一个句子中包含多少修改过的词汇。在对句子进行修改时,可以利用上述提到的 6 个策略,但对于英文句子主要使用同义词替换。

句子修改方法[7]也可以用一个函数 Perturb 来定义,具体流程如下:

Perturb(x_{cur}, target)

输入:

    x_{cur}:句子,可以是修改后的句子或原始句子。

    target:x_{cur} 的目标标签。

处理:

    (1)从 x_{cur} 中随机一个词 w,获得其近义词集 T。

    在 GloVe 的嵌入(embedding)空间[8]中计算并选择与 w 距离最相近的 N 个词汇,过滤掉距离大于 d 的候选词。然后,对过滤后的词汇做进一步处理,使得保留下来的词汇都是 w 的同义词。同时,采取相应策略避免 a、to 等虚词被选中。

    (2)从 T 中选择合适的替代词,使之符合句子的上下文语境。

    使用 Google 的 1 billion 词汇语言模型 LM[9]过滤不符合 w 上下文(context)的候选替代词。实际上是对 T 中的每个词汇 x_i 计算 $p(x_i|context, LM)$,并降序排列,保留 K 个词汇。

    (3)生成替换后的句子。

    对于 K 个词汇中的每个词,计算替换 w 后文本的预测概率,且对应的标签为 target,最终选择概率最大的词汇替换 w。这个过程攻击者需要查询目标分类器,以获得预测概率。

在 IMDB 数据集和文本蕴含数据集 SNLI 上进行了实验,使用 300 维的 GloVe 向量空间,基于 LSTM 进行分类器训练,从测试集中随机选择 1000 个正确分类的样本来验证 IMDB 的对抗样本生成性能。

种群优化方法的最大迭代次数设置为 20,种群规模 $S=60$, $N=8$, $K=4$,最大修改概率为 20%。结果发现,对这两类任务分类器的欺骗成功率分别可达 97%、70%。

9.5.4 伪文本生成

自然语言生成在机器翻译、图像自动描述、机器人对话系统和诗词文章生成等许多方面已经有一定的研究和应用。在前三类应用中,生成模型要根据当前的上下文以及经验知识来生成相应的文本,与对抗环境下的文本生成有一定差异。

在诗词文本生成中,生成模型的目的是输出人类无法辨别真假的文本。因此,其基本策略是基于已有的大量诗词,从中构造特征空间中的分布,并进行采样,使生成的文本在分布上与现有诗词一致。这已经具有对抗文本生成的特征了。诗词生成之类的文本生成与前述对抗样本生成不一样,一般不会依赖于某篇现有的诗词进行对抗式修改,而是在给定的诗词语料集和少数提示信息下,如主题词汇等,自动生成整个文本。

这种生成方式与 GAN 的工作机制一致,以诗词语料集为训练数据集,通过生成器和判别器的互相操作,最终得到能够生成与训练集文本具有相同分布的生成器。生成器和判别器是两个"独立"的神经网络,整个 GAN 模型的优化函数最大化训练数据、最小化假样本(生成样本)。生成器的目的是希望判别器无法判断文本来自训练集还是生成器的输出,判别器的目的则是正确区分真实文本和生成文本。最终找到一个合适的平衡点,利用该生成器在不同噪声作用下就可以生成文本。

至于生成器和判别器的具体结构,对于文本而言,可以选择 LSTM 作为生成网络,CNN 作为对抗网络。相对于 LSTM 神经网络,GRU 的参数更少,训练速度比 LSTM 快,同时传播信息不易丢失,可有效解决长距离梯度消失的问题,结构比较简单,因此有的生成应用就使用 GRU 神经网络作为生成器和判别器。

虽然对抗样本生成和 GAN 文本生成都是基于对抗的角度,但是在实际应用中,如果要生成大规模样本,还是以 GAN 为基础更好。因为,以规则和优化为基础的对抗样本需要在初始样本上修改,难以做到大规模生成。

然而,对抗生成网络在文本生成的应用效果比较有限,主要有以下因素:

(1)判别器所能提供的反馈信息少,特别是二分类的场景,从而容易导致梯度消失。

(2)由于文本的离散特征,生成器的细微改变无法在特征空间产生新的标签,判别器难以指导生成器。生成模型由此变得难以训练,产生高方差的梯度估计,使模型参数优化难以进行。

9.6 口令对抗网络样本生成

前述的投毒攻击或对抗样本攻击典型应用中,针对给定样本进行修改生成对抗样本,这种方法生成对抗样本的效率低。而在类似的口令猜测应用中,需要生成大量的"真实"口令,通过大规模样本来提升猜测的成功率。因此,这里以口令猜测对抗为例,介绍对抗生成网络用于生成大规模对抗样本的方法。

9.6.1 PassGAN 设计原理

随着深度学习在口令建模中得到关注,RNN、LSTM、GAN 等深度学习技术和模型被用于生成口令攻击样本。

PassGAN 是一种基于 GAN 技术的高效口令生成方法。这里以 PassGAN[10] 为例,介绍这种生成方法。PassGAN 所面对的场景是,假设攻击者拥有一个足够大的真实口令集,但毕竟口令数量有限,攻击者希望构建一种模型来生成口令数据,这些口令数据与真实口令数据有相同的分布。此外,作为攻击者,也要求生成的口令数据具有充分的多样性,这样有利于提高口令的猜测成功率。

给定由 n 个口令组成的训练集 $S = \{x_1, x_2, \cdots, x_n\}$,生成与 S 具有相同分布的样本集。PassGAN 把分布密度估计问题转换为二分类问题,属于 GAN 的一种典型应用。PassGAN 实际上是采用 IWGAN 进行模型训练的,该模型利用梯度惩罚拟合了较为复杂的函数,能够生成质量更高的数据,解决了梯度爆炸和梯度消失的问题。

生成器(G)和判别器(D)的主要任务如下:

(1) G 根据噪声生成器生成多维随机样本 z,即伪口令。

(2) D(深度神经网络)对真实样本和伪样本进行有监督学习,学习 D 的参数。

(3) 迭代执行上述两个过程。

可以设想,口令具有字符特征、长度特征、单词特征、数字特征等,这些特征组成了口令的特征空间。训练集中的口令在该特征空间中具有一定的分布,例如口令长度在 $[8,10]$ 内的可能性比其他区间高。

在 PassGAN 中,生成器和判别器的内部结构如图 9-11 所示,均采用了 5 层残差网络。生成器和判别器均配置了多个残差块,用于对口令特征空间的自动提取。

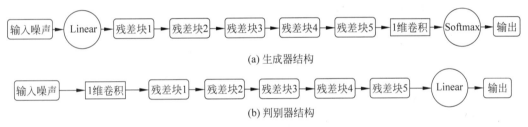

图 9-11 PassGAN 的生成器和判别器[10]

一个残差块的结构如图 9-12 所示,在单纯的前向传播基础上,深度网络增加了跳跃层连接(shortcut connection 或称为 skip connection),解决深度网络梯度消失的问题。图中,ReLU 是激活函数。

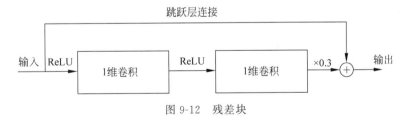

图 9-12 残差块

在 PassGAN 训练过程中,G 的每一次迭代后,PassGAN 输出的伪样本变得接近真实口令数据的分布。但是,随着迭代次数的增加,会增加过拟合的可能性。为此,PassGAN 在迭代训练过程中的每个检查点上,使用当前的 G 生成一定数量的口令。对测试口令数据集进行猜测,如果猜测成功率在开始增加后出现了下降,则 PassGAN 就停止迭代。

当 G 训练完毕之后,再输入噪声,G 网络即可输出接近真实的口令了。

9.6.2 PassGAN 的应用

PassGAN 是斯蒂文斯理工学院 Briland Hitaj 等提出的一种新模型,其开源代码可在 github 上下载[11],它所使用的 IWGAN 是基于 TensorFlow 实现的[12]。

IWGAN 模型的超参数如下:

(1) Batch size:每个 step 送入训练的口令数量。

(2) Number of iterations:训练的迭代次数。

(3) Number of discriminator iterations per generator iteration:生成器每次迭代时判别器的迭代次数。

(4) Model dimensionality:每个卷积层的维数。

(5) Gradient penalty coefficient:梯度惩罚系数,用于辨别器。

(6) Output sequence length:生成器生成的最大口令长度。

(7) Size of the input noise vector(seed):表明多少个随机数输入生成器。

(8) Maximum number of examples:训练集的大小。

(9) Learning rate:学习率。

训练 GAN 模型:

```
python train.py -- output - dir output -- training - data data/train.txt
```

生成攻击口令的方法如下:

```
python sample.py \
        -- input - dir pretrained \
        -- checkpoint pretrained/checkpoints/195000.ckpt \
        -- output gen_passwords.txt \
        -- batch - size 1024 \
        -- num - samples 1000000
```

参考文献

[1] Biggio B,Nelson B,Laskov P. Poisoning attacks against support vector machines[C]. Proceedings of the 29th International Conference on Machine Learning,2012.

[2] Adversarial Robustness Toolbox [EB/OL]. [2021-10-20]. https://adversarial-robustness-toolbox. readthedocs. io/en/latest/. 2021.

[3] Gu T,Dolan-Gavitt B,Garg S. BadNets:Identifying vulnerabilities in the machine learning model supply chain[EB/OL]. [2021-10-01]. https://arxiv. org/abs/1708. 06733.

[4] Li Y Z,Li Y M,Wu B Y,et al. Invisible backdoor attack with sample-specific triggers[C]. ICCV,2021.

[5] Biggio B,Corona I,Maiorca D,et al. Evasion attacks against machine learning at test time[C]. ECML PKDD,2013.

[6] Wang C Y,Zeng J P,Wu C R. Generating fluent chinese adversarial examples for sentiment

classification[C]. Proceedings of the International Conference on Anti-Counterfeiting，Security and Identification，ASID，2020，149-154.

[7]　Alzantot M，Sharma Y，Elgohary A，et al. Generating natural language adversarial examples[C]. Empirical Methods in Natural Language Processing，2018.

[8]　Pennington J，Socher A，Manning C. GloVe：Global vectors for word representation[C]. Empirical Methods in Natural Language Processing. 2014.

[9]　Chelba C，Mikolov T，Schuster M，et al. One billion word benchmark for measuring progress in statistical language modeling[EB/OL]. [2021-10-02]. arXiv preprint arXiv：1312. 3005.

[10]　Hitaj B，Gasti P，Ateniese G，et al. PassGAN：A deep learning approach for password guessing [C]. in NeurIPS 2018 Workshop on Security in Machine Learning (SecML'18)，2018.

[11]　https：//github. com/brannondorsey/PassGAN.

[12]　https：//github. com/igul222/improved_wgan_training.

[13]　http：//scikit-learn. org/stable/auto_examples/datasets/plot_iris_dataset. html.

第 **10** 章

机器学习系统的隐私安全

当训练数据包含个人信息时,机器学习系统的隐私安全就成为一个重要问题。本章从机器学习模型的隐私、隐私保护技术基础、大数据隐私攻击与保护、隐私计算架构和典型应用中的隐私保护等角度进行了介绍。

10.1　概述

机器学习系统的隐私安全之所以会成为人工智能应用的重要问题,主要原因有以下两方面。

一是,机器学习已成为各类业务系统的重要组成部分,通过机器学习方法和模型实现业务数据的深度挖掘对于提升社会经济效益具有重要意义。医疗机构通过对病人诊疗记录的挖掘提升了疾病诊断的准确性,金融机构通过对交易记录的挖掘实现了欺诈行为的及时发现,交通管理部门通过交通流量分析挖掘实现了车流引导,大量的类似应用充分体现了机器学习应用的价值。

二是,随着社会分工的细化,出现了专业化的数据挖掘分析机构。许多企事业单位把业务相关的数据挖掘分析任务外包给第三方专业机构或使用它们提供的接口实现业务数据挖掘。在这种背景下,机器学习即服务成为机器学习应用的一种主要模式,用户不需要了解模型和算法的细节,只要调用模型接口即可享用机器学习,例如亚马逊的 AmazonML、微软的 Azure ML 等都是这种模式。

在这些场景中,业务数据隐私泄露的途径增多,数据隐私风险大大提升,进一步加大了机器学习系统的数据隐私保护研究和运用的必要性和紧迫性。

从狭义上理解,隐私指个人隐私,即个人不愿意被其他人所知道的信息。患者到医院就诊时的诊断记录、每个人的收入信息以及经常活动的轨迹等都是典型的个人隐私。

在机器学习系统的隐私安全中,隐私所指的范围要更广泛一些。一方面,训练数据本身可能存在个人隐私信息,从而使机器学习系统必须面对原始数据中的隐私安全,采取必要的隐私保护措施,这是狭义上的个人隐私;另一方面,使用包含个人信息内容的数据进行模型学习训练时,最终也会使模型参数和结构具有一定隐私性。因为攻击者可能通过模型结构和参数进行逆向推理,从而获得个人隐私信息。在这种情况下,虽然机器学习模型本身并不存储个人隐私数据,但机器学习模型具有机密性要求,即确保未授权用户无法接触机器学习模型,包括模型参数、模型结构、训练方式等有利于攻击者进行隐私推断的模型信息。机器学习系统隐私保护技术体系如图10-1所示。

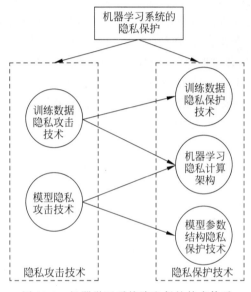

图 10-1　机器学习系统隐私保护技术体系

从图10-1中可以看出,机器学习系统的隐私保护包含了隐私攻击技术和隐私保护技术两部分。其中,隐私攻击技术包括训练数据隐私攻击技术和模型隐私攻击技术;隐私保护技术包括训练数据隐私保护技术、机器学习隐私计算架构和模型参数结构隐私保护技术。隐私攻击和隐私保护之间存在一定联系,其中,机器学习隐私计算架构既解决训练数据的隐私攻击问题,也解决模型的隐私攻击问题。

从隐私保护技术看,目前已经发展出针对敏感数据存取的数据隐私保护、针对敏感数据计算的隐私计算架构,为不同场景下的数据隐私保护提供有力支撑。数据隐私保护的研究主要针对关系型数据、位置轨迹数据、社交网络数据等各种类型数据。在隐私计算架构方面,有安全多方计算、联邦学习等。

本章主要对这些隐私攻击技术、隐私保护技术和隐私计算架构进行介绍。

10.2　机器学习模型的隐私

对机器学习模型的隐私攻击也是一种重要的机器学习安全问题。从攻击者的角度看,在隐私场景下的机器学习安全中,攻击行为主要在于隐私数据的窃取;而在对抗攻击场景下的机器学习安全中,攻击者更侧重于对模型的错误攻击,使其分类性能下降。从攻击技术角度看,两者有相似的地方,都试图获取模型结构、参数、目标函数等,为隐私推理、模型攻击提供支撑。

具体而言,机器学习系统的隐私主要体现在以下三方面,是隐私攻击的主要对象。

1. 原始数据中的隐私

原始数据是输入给机器学习系统用于模型训练的数据,这些数据的敏感性在于数据本身中包含个人的基本信息,如性别、地址、年龄、通信方式等,也包括个人运动轨迹、社交关系等新型个人数据,同时人工标注的标签信息也可能是敏感数据。

在与个人用户有关的机器学习应用中,普遍会存在原始数据的隐私问题。此类典型的应用包括各类个性化推荐、个人征信、个人移动应用等。在个性化推荐中,用户为了获得其周围的宾馆信息,就必须把他所在的经纬度位置信息告诉服务方。在个人征信中,用户需要向征信服务方提供其在贷款、消费等网站上的记录。一方面,这些个人信息在服务端可能产生了隐私泄露;另一方面,即使这些个人信息在可信服务端,但当这些应用中的机器学习模型外包给第三方训练、运营时,就涉及把原始信息共享给第三方的需求,由此也会引发用户数据隐私风险。

2. 机器学习模型中的隐私

分类器模型包含了对原始数据类别的最佳判别,以函数式分类模型为例,$y = wx + b$,x 是 n 维特征空间的向量,w 是相应的权重向量。特征空间及各个特征权重参数是在整个原始数据上运算提取出来的,并不体现个体的信息。因此,严格来讲,模型中并不包含个人信息,模型被窃取并不会导致用户隐私泄露。尽管如此,分类器模型可为攻击者推理个人隐私提供有效的手段。具体而言,攻击者可以用于推理,因此,模型中的隐私主要体现在以下三方面。

(1) 模型提取攻击(model extraction attack)。其目的在于获得模型的参数、结构等内部信息,是对模型机密性的攻击。在黑盒的情况下,攻击者仍通过对模型进行查询与响应构造一个近似等价训练集,通过重构得到与目标模型近似的等价模型。该模型可以被用来进行训练数据的隐私攻击推理。

(2) 成员推断攻击(membership inference attack),这里的成员指训练集中的一个记录。攻击者的目的在于判断某条个人信息是否存在于目标模型的训练数据集中,是针对单个用户个人信息的隐私攻击。成员推断攻击通常是在已知某用户完整信息的情景下进行的,其核心问题是计算目标模型与用户信息的相似性问题。

(3) 模型逆向攻击(model inversion attack),也称为倒推攻击。其目的在于反推训练数据中某条数据的部分或全部属性值,也就是当攻击者只知道个人信息的部分属性时,进行个人信息复原的攻击方法。该方法的核心可以归结为推断样本与目标模型的最大相似性计算问题。

3. 计算平台中的隐私

一个机器学习系统通常包含了数据采集输入、数据存储、数据处理、特征工程、模型选择、模型训练、模型更新、验证以及模型应用等多个环节。在大数据背景下,机器学习系统要处理大量的数据,并且数据源众多,因此机器学习平台往往会涉及不同的计算节点,每个节点的计算能力、安全防护、敏感性等都有一定差异。这些环节使得第三方有机会接触业务数据的详细信息,对机器学习系统的隐私攻击就可能会在这些环节上发生。因此,理解计算平台中的隐私泄露和保护方法具有必要性。

10.3　隐私保护技术基础

10.3.1　隐私及其度量

隐私是指个人不愿意被外界所知晓的信息,如身份证号码、就诊记录、活动踪迹、朋友关系等。然而,隐私具有一定主观性,当针对不同的数据、不同的业务场景以及数据所有者时,隐私的定义也存在差别。例如,有的患者会把疾病信息看作隐私,而有的患者却不视之为隐私。尽管如此,为了便于开展隐私保护技术研究,通常隐私信息的判断依据将按照大多数人的认知。

隐私保护方法通过模糊化、泛化、加噪声等手段来实现隐私数据的保护,并为数据使用者提供隐私处理之后的数据(以下简称隐私数据),同时这些数据也可能被攻击者所掌握,攻击者在自身掌握的各种背景知识下发起隐私推理,如图 10-2 所示。因此,隐私保护方法要同时满足数据可用性和隐私安全性的要求,使得数据使用者能从中获得预期的结果,同时也不能让攻击者推测其中的隐私信息。

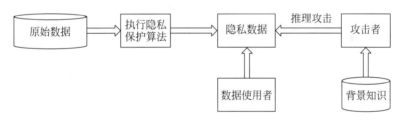

图 10-2　隐私保护方法的应用场景

为了设计隐私保护算法,需要定义隐私数据的可用性和隐私安全性的量化计算方法。数据可用性最直接的量化方式是在具体场景中根据数据使用效果来确定隐私数据是否能够满足需要。例如,在推荐应用中,可以采用推荐精度、召回率等;在医疗诊断中,可以采用疾病分类的准确率、召回率等。然而,在隐私保护方法研究中,为了避免这种评价多样化且依赖于具体场景的问题,使用信息损失量作为数据可用性的衡量指标。信息损失量是指原始数据与隐私数据之间的差异程度,可以采用两组数据之间的距离、相对熵等体现相似性的量化指标来计算。

隐私安全性是指隐私数据被推理出隐私的风险,这种风险的具体计算方法在隐私保护的不同实现方法中有不同的定义,例如在 K 匿名中使用等价类中的个体数量的倒数,即 $1/K$ 作为度量;而在差分隐私中是通过隐私预算来计算的。

为了便于介绍各种隐私保护方法,把用户的属性信息分为以下三种类型。

（1）显性标识符。能够唯一标识个体身份的属性，如用户身份证号码、姓名等。在隐私保护处理中，需要删除这类数据或进行假名替换。

（2）准标识符：这些信息虽然不包含个人身份信息，但是可能被攻击者利用来与其他外部数据表进行连接，从而可能从外部数据表中获得用户的显性标识符。准标识符主要有生日、身高、体重、学历等。

（3）敏感属性：包含个体隐私信息的属性，如收入水平、身体状况、社会关系等。

患者诊断记录表（虚构）如表 10-1 所示。在这些属性中，能够唯一确定个人的属性称为显性标识符，敏感属性就是不希望被他人知道的字段，其余的属性则称为隐性标识符。姓名、身份证号码等一般视作显性标识符，而患病、收入等作为敏感属性。

表 10-1　患者诊断记录表

姓　　名	性　　别	年　　龄	所在地邮编	患　　病
张三一	男	26	200401	乙肝
张三五	男	23	200051	乙肝
李五一	女	73	300921	高血压
朱　三	女	28	200430	肺炎
朱　九	女	39	300012	艾滋病

删除显性标识符后的数据集，如表 10-2 所示，记为表 A，攻击者依然有多种方式来对其进行隐私攻击。

表 10-2　删除显性标识符的数据集

性　　别	年　　龄	所在地邮编	患　　病
男	26	200401	乙肝
男	23	200051	乙肝
女	73	300921	高血压
女	28	200430	肺炎
女	39	300012	艾滋病

假如攻击者拥有另一个数据集如表 10-3 所示，记为表 B。除了包含性别、年龄、所在地邮编、职业这些隐性标识符外，还有姓名之类的显性标识符。

表 10-3　攻击者所拥有的数据集

姓　　名	性　　别	年　　龄	所在地邮编	所在单位类型
张三一	男	26	200401	学校
张三五	男	23	200051	商店
李五一	女	73	300921	居委会
朱　三	女	28	200430	学校
朱　九	女	39	300012	工商局

这样，该攻击者可以将表 A 的隐性标识符与表 B 连接，从而在 A 和 B 中获得某人与所患的疾病的对应关系，如（张三一，乙肝）。当然对于攻击者来说，这种对应关系是否真

的存在,还需要假设他所掌握的背景知识,例如他知道张三一去医院看病了。从整个数据集看,总是可能存在攻击者熟悉的人,因此,在隐私保护研究中,一般就将连接成功作为隐私泄露的标志。当然,用于连接的准标识符数量越多,隐私泄露的置信度就越高。

10.3.2　匿名化及其攻击

匿名化是一种较早提出来的隐私保护方法,其基本原则是要求隐私处理后的数据表中,每一条记录都要和其他 $K-1$ 条记录构成一个等价类。等价类的判断是基于准标识符的,当然可以包含敏感属性。这样,等价类中的一条记录泄露隐私的概率为 $1/K$。

以表 10-1 为例,在公开这些数据之前,需要把显性标识符删除,如表 10-2 所示;然后在这个基础上进行 K 匿名化。原始的 K 匿名只在准标识符集上进行属性值的修改和等价类划分。表 10-4 是当 $K=2$ 时,采用根据模糊化和泛化操作得到的匿名化结果。表中,在不考虑患病字段时,前两条记录构成一个等价类,后三条记录构成另一个等价类,并保证了每个等价类中的元素个数至少为 K,并且最多不超过 $2K-1$。

表 10-4　匿名化结果

性　　别	年　　龄	所在地邮编	患　　病
男	$[23,26]$	200 ***	乙肝
男	$[23,26]$	200 ***	乙肝
女	$[25,80]$	******	高血压
女	$[25,80]$	******	肺炎
女	$[25,80]$	******	艾滋病

对于 K 匿名化,常用的数据修改方法如下。

(1) 模糊化:针对数值型属性,把它的取值模糊化到某个区间。例如把年龄28、26都模糊化为 $[25,30]$。每个属性模糊化的区间取决于整个数据集的情况。

(2) 泛化:对于枚举型属性,把它的取值泛化为上级类别。例如把职业"打字员""编辑"泛化为"文书工作",邮编200401、200430泛化为 2004 ** 。由此可见泛化需要具有层次语义的知识来支持,要符合概念的层次粒度。

(3) 聚类法:在准标识符所构成的表示空间中,对所有样本进行聚类,并确保聚类结果的每个簇至少有 K 个记录。最终,使用聚类的中心来代替簇中的各个样本,从而实现簇内样本的 K 匿名划分。

当然,K 匿名方法存在许多攻击可能,典型的有背景知识攻击、链接攻击、一致性攻击/同质攻击、背景知识攻击、偏斜攻击、相似性攻击、交叉推理攻击等。如表 10-4 的数据集,对于第一个等价类,其中所有个体的患病都是乙肝,可以进行同质攻击。背景知识攻击是指攻击者利用自己掌握的任何有助于推理成功的知识所进行的攻击。例如,"小明体弱多病""小张语文学得不好"等都可以作为背景知识。

随着原始 K 匿名算法被成功攻击,人们不断提出新的改进匿名化方法,主要有 L-diversity、T-closeness、个性化匿名等。各种改进的匿名化方法主要针对拥有不同背景知识的攻击者,这种背景知识主要是攻击者所掌握的准标识符。除了数据集中的准标识符外,攻击者可能还知道关于个体的其他准标识符,有利于攻击者提高隐私推理。

10.3.3 差分隐私

由于背景知识的多样化,匿名化隐私保护方法难以枚举各种可能,导致该方法难以应对各种可能的背景知识攻击。K 匿名方法无法提供一种有效且严格的方法来证明其在具体场景下的隐私保护能力,从而限制了 K 匿名的应用范围。

针对 K 匿名存在的问题,后来提出的差分隐私从新的角度定义隐私泄露。相关方法可以用于隐私保护数据收集、隐私保护数据发布(Privacy Preserving Data Release,PPDR)与隐私保护数据挖掘(Privacy Preserving Data Mining,PPDM)等领域。

1. 基本原理

差分隐私保护避开了对准标识符进行模糊化、泛化的做法,而改为直接对敏感属性值添加噪声。因此,即使攻击者利用准标识符建立与其他数据表的关联,但是由于敏感值无法准确获得,也就实现了隐私保护。另一方面,在差分隐私中,添加噪声的方式在理论上不会对整体统计结果产生影响。因此,实现了隐私保护与数据可用性的平衡。

差分隐私保护模型最初被应用在数据库统计中,当需要对数据表进行统计并发布统计结果时,可以对数据库中的个体隐私信息进行保护。举例来说,当数据集 D 包含个体 U 时,假设对 D 进行的查询操作 f 所得到的结果为 $f(D)$,如果将 U 从 D 中删除后,再进行查询得到的结果为 $f'(D)$,那么当 $f'(D)$ 与 $f(D)$ 几乎没有区别时,则可以认为 U 的信息并没有因为被包含在 D 中而产生额外的泄露风险。在这个例子中,用户的隐私信息是"用户 U 是否在数据集 D 中",也就是用户不希望攻击者通过操作 f 来推理其隐私。差分隐私保护就是要保证任意个体在数据集中或者不在数据集中时,对最终发布的查询结果几乎没有影响。

1)相关定义

(1)邻近数据集:只相差一条记录的一对数据集。形式化定义如下:若对数据集 D 进行添加、删除或修改一条记录得到 D',那么 D 与 D' 是相邻数据集。

从一个数据集到其邻近数据集,实际上就是进行了噪声的添加,是差分隐私的基本策略。加入噪声对查询结果所产生的影响就是查询的敏感度,敏感度分为全局敏感度和局部敏感度。

(2)查询的敏感度:对于给定数据集 D,在 D 上的查询 f 的敏感度为

$$\Delta f = \| f(D) - f(D') \|_1 \tag{10-1}$$

即以两个相邻数据集上查询结果的 L1 范数差值来定义。

(3)局部敏感度:对于给定 D 及其任意 D',f 在 D 上的局部敏感度为

$$\Delta f_1(D) = \max_{D', \| D-D' \| = 1} \| f(D) - f(D') \|_1 \tag{10-2}$$

即给定数据集与所有邻近数据集上查询的 L1 范数差值的最大值。

(4)全局敏感度:对于任意一对 D 和 D',查询 f 的全局敏感度为

$$\Delta f_g(D) = \max_{D, D', \| D-D' \| = 1} \| f(D) - f(D') \|_1 \tag{10-3}$$

即针对所有数据集及其所有邻近数据集上查询的 L1 范数差值的最大值。

可以看出,每个查询都存在全局敏感度与局部敏感度。但是全局敏感度要考虑各种可能的数据集,因此与数据集无关,只与查询有关。不同查询的全局敏感度不同,例如求平均的全局敏感度大于求中位数。局部敏感度与数据分布关系较大。

2) 差分隐私的定义

对一个机制 A, P_A 为 A 作用在一个数据集后所有可能的输出构成的集合,对于任意 2 个邻近数据集 D 和 D' 以及 P_A 的任何子集 S,若机制 A 满足:

$$\Pr[A(D) \in S] \leqslant e^{\varepsilon} \times \Pr[A(D') \in S] \tag{10-4}$$

则称机制 A 对 D 提供 ε 差分隐私保护,其中参数 $\varepsilon > 0$ 称为隐私预算。

差分隐私定义了一个严格的隐私保护模型,它不关心攻击者所拥有的背景知识,即使在最大背景知识假设下,即攻击者掌握除某一条记录之外的所有记录信息,该记录的隐私也无法被泄露。

在上述定义中,参数 ε 用于控制机制 A 在两个相邻数据集上获得相同输出结果的概率比值,反映了 A 的隐私保护水平。ε 越小,隐私保护程度越高,特别地,当 $\varepsilon = 0$ 时,A 在 D 和 D' 上的输出概率分布完全相同,算法提供最强的隐私保护。因此,ε 对于控制隐私泄露量起着重要作用。同时,ε 也应当反映隐私数据的可用性,根据隐私保护水平和可用性之间的关系,要求 A 的设计应当使得 ε 越小时,添加越多的噪声,以降低隐私数据的可用性。

按照这样的定义,不同参数处理下的数据集所提供的隐私保护水平具有可比性。

3) 差分隐私的噪声机制

通常来说,差分隐私的定义中的机制 A 是一种添加随机噪声的算法,即通过对查询结果 $f(D)$ 添加噪声 δ 来保护用户隐私。针对不同的数据类型,添加噪声的方式也有所不同。

在现实应用场景中,需要根据要保护的隐私数据种类,设计出不同种类的差分隐私保护机制。这些差分隐私保护机制按照其保护的数据查询结果类型可以分为数值型与非数值型。对于数值型数据,Laplace 机制比较适合;对于非数值型数据,指数机制比较适合。

以下介绍若干典型的用于噪声生成的随机函数。

(1) Laplace 机制:通过向查询结果加入服从 Laplace 分布的噪声来实现 ε 差分隐私保护。一个 Laplace 分布的密度函数为

$$f(x) = \frac{1}{2b} e^{-\frac{|x-a|}{b}} \tag{10-5}$$

该函数简记为 $\mathrm{Lap}(a, b)$,其中 a 是位置参数,b 是尺度参数。特别地,当向数据集添加噪声时,为了保证数据的可用性,一般设置位置参数 $a = 0$,即使用式(10-6)来采样生成噪声。

$$\mathrm{Lap}(b) = \frac{1}{2b} e^{-\frac{|x|}{b}} \tag{10-6}$$

在此基础上,Laplace 机制可解释如下:针对给定的数据集 D,设有查询函数 $f: D \to \mathbf{R}$,其敏感度为 Δf,那么随机算法 $A(D) = f(D) + \delta$ 提供 ε 差分隐私保护,其中 $\delta \sim \mathrm{Lap}(\Delta f/\varepsilon)$ 是一个随机噪声,服从位置参数为 0,尺度参数 $b = \Delta f/\varepsilon$ 的 Laplace 分布。

Lap(b) 的函数图像如图 10-3 所示，图中 b 分别设置为 1、2、5。从图中可以看出，当敏感度 Δf 给定时，ε 越小，b 越大，噪声分布越平缓，引入的噪声越大，准确性降低，数据可用性降低。而当 ε 给定时，敏感度越大，b 越大，引入的噪声也越大。这些结果与前述关于隐私预算、敏感度、可用性、噪声与隐私保护程度的关系一致。

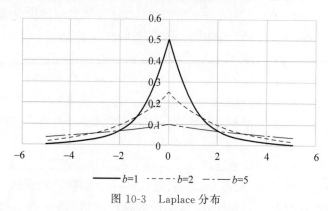

图 10-3　Laplace 分布

（2）指数机制：由于 Laplace 机制向查询结果添加 Laplace 分布的噪声，而 Laplace 分布是一个连续的概率函数，不适合应用在查询结果不是连续数值的情况。例如，查询的结果是一个字符串、一个枚举值等场景。为了解决这个问题，F. McSherry 等提出了指数机制[1]。

指数机制的基本原理是为每一个可能的查询结果分配一个分数，然后把这个分数转化为输出概率，为所有可能的查询结果分配输出概率，在每次查询时按照概率输出某个查询结果。因此，指数机制并不是直接对数据加噪声，而是产生一个查询域上的概率分布，再进行采样，从而对查询结果引入不确定性。

指数机制的定义如下：设有查询函数 $f:D\rightarrow \mathbf{R}$，对于 $\forall r\in \mathbf{R}$，$q(D,r)$ 为可用性打分函数，其敏感度为 Δq。若随机算法 A 以正比于式(10-7)Pr 的概率从 $\mathbf{R}$ 中选择 r 并输出，其中 n 表示 $\mathbf{R}$ 的值域大小，则其提供 ε 差分隐私保护。

$$p \propto \mathrm{Pr} = \frac{\mathrm{Ps}(r)}{\mathrm{Ps}} = \frac{\mathrm{e}^{\frac{\varepsilon q(D,r)}{2\Delta q}}}{\sum_{i=1}^{n} \mathrm{e}^{\frac{\varepsilon q(D,r_i)}{2\Delta q}}} \tag{10-7}$$

这里举一个具体的指数机制的应用实例。假设数据集 D 记录了 58 个学生成绩，分为 A、B、C、D、E 五个等级，部分记录如表 10-5 所示。

表 10-5　学生成绩表

ID	Score	ID	Score
01	A	04	C
02	C	05	B
03	C		

现在进行一个查询获得成绩最多的等级，对于此查询，可用性函数 $q(D,r)$ 设置为数据集 D 中等级 r 的学生人数，显然该函数 $\Delta q=1$。假设可用性如表 10-6 所示。

表 10-6　学生成绩的等级分布

Score	可 用 性	Score	可 用 性
A	9	D	6
B	15	E	3
C	23		

假设隐私预算 ε 为 1,根据指数机制,计算得到式(10-7)的 Pr 值,并转换为概率,得到各个等级被选择的概率计算,如表 10-7 所示。

表 10-7　指数机制下的选择概率

Score	Ps(r)	概率 Pr
A	90	0.000 894
B	1808	0.017 965
C	98 716	0.980 902
D	20	0.000 199
E	4	3.97E-05

为了比较不同隐私预算 ε 的影响,进一步比较隐私预算 ε 分别取值为 0、0.5、1 和 2 时的情况,如表 10-8 所示。

表 10-8　不同隐私预算下的选择概率

Score	$\varepsilon=0$	$\varepsilon=0.5$	$\varepsilon=1$	$\varepsilon=2$
A	0.2	0.024 194	0.000 894	8.312 41E−07
B	0.2	0.115 591	0.017 965	0.000 335 35
C	0.2	0.844 086	0.980 902	0.999 663 775
D	0.2	0.010 753	0.000 199	4.134 15E−08
E	0.2	0.005 376	3.97E-05	2.051 69E−09

从表 10-8 的计算结果可以看出,隐私预算 ε 越大,数据可用性越高,隐私保护程度越低;反之,数据可用性越低,隐私保护程度越高。特别地,当隐私预算 ε=0 时,数据可用性最低,隐私保护程度性最高。

(3) 随机响应机制:如果需要对多个用户的敏感信息进行查询和汇总计算,可以选择随机响应机制来实现差分隐私保护,这是一种本地化差分隐私保护。

下面结合一个典型例子,介绍随机响应机制的原理和应用方法。

假设某个群体有 n 个用户,其中乙肝患者的比例为 π,制定某项医疗政策前,相关机构需要对 π 进行统计。为此,对该群体用户发起问卷调查"你是否为乙肝患者?",由用户回答"是"或"否"。

在这个调查场景中,机构对每个用户发起一个查询,然后汇总查询结果,但由于患病信息被认为是一种个人隐私,从差分隐私保护的角度来看,可以对查询结果进行噪声添加。使用随机响应机制的具体方法如下:

假设每个用户有一枚非均匀的硬币,其正面朝上的概率为 $p(p \geqslant 0.5)$,反面朝上的

概率为 $1-p$。用户抛出该硬币,如果正面朝上则回答真实答案;反之,则回答虚假答案。

那么,患病概率和无患病概率值在理论上有

$$\Pr(r_i = \text{"是"}) = \pi p + (1-\pi)(1-p) \tag{10-8}$$

$$\Pr(r_i = \text{"否"}) = (1-\pi)p + \pi(1-p) \tag{10-9}$$

实际上,回答"是"和"否"的人数分别为 n_1、n_2,当 n 足够大时有

$$\Pr(r_i = \text{"是"}) = \frac{n_1}{n} \tag{10-10}$$

$$\Pr(r_i = \text{"否"}) = \frac{n_2}{n} \tag{10-11}$$

因此,可以得到下面三个等式

$$\pi p + (1-\pi)(1-p) = \frac{n_1}{n} \tag{10-12}$$

$$(1-\pi)p + \pi(1-p) = \frac{n_2}{n} \tag{10-13}$$

$$n_1 + n_2 = n \tag{10-14}$$

为了求得无偏估计,使用极大似然估计方法。似然函数为

$$L(\pi) = [\pi p + (1-\pi)(1-p)]^{n_1} \times [(1-\pi)p + \pi(1-p)]^{n-n_1} \tag{10-15}$$

对 $L(\pi)$ 取对数,并求 π 的导数可得

$$\frac{\mathrm{d}}{\mathrm{d}\pi}\ln L(\pi) = \frac{(2p-1)[-n_1 + np(2\pi-1) - n\pi + n]}{[p(2\pi-1) - \pi][p(2\pi-1) + (1-\pi)]} \tag{10-16}$$

令导数为 0,可得到 π 的极大似然估计值 π_0 为

$$\pi_0 = \frac{n_1 + n(p-1)}{n(2p-1)} \tag{10-17}$$

可以进一步证明,$E(\pi_0) = \pi$,即说明数学期望值是真实 π 的无偏估计。

因此,可以得到患病的总人数为

$$n_0 = \pi_0 \times n = \frac{n_1 + n(p-1)}{2p-1} \tag{10-18}$$

这里的 p 相当于加噪声的概率。

根据差分隐私的定义,为了保证这种随机响应机制满足 ε 差分隐私,应当满足下面的不等式:

$$\frac{p}{1-p} \leqslant \mathrm{e}^\varepsilon \tag{10-19}$$

因此,隐私预算应当设置为

$$\varepsilon \geqslant \ln\frac{p}{1-p} \tag{10-20}$$

针对这个例子可以发现,当 p 越大时,用户回答虚假答案的概率减小,因此,数据可用性提高,而隐私保护程度降低。相应地,ε 的值也应当越大,从式(10-20)可以看出 ε 和 p 确实存在正向变化的关系。因此,这种随机响应机制与 ε 差分隐私的基本约定一致。

4）差分隐私的组合性质

在复杂的应用中，单个隐私保护机制并不能满足实际需要，例如实际应用中可能涉及多阶段多重嵌套的隐私保护过程，需要多次使用差分隐私保护。在这种情况下，需要将隐私预算合理分配到各个环节的隐私保护机制上，这时需要用到隐私保护算法的组合性质。隐私保护算法有两个主要的组合性质[2]：串行组合性和并行组合性。

（1）串行组合性：设有隐私保护算法 $A_1, A_2, \cdots, A_n$，其预算为 $\varepsilon_1, \varepsilon_2, \cdots, \varepsilon_n$，那么对于同一个数据集 D，顺序执行这些算法之后，获得的隐私保护预算为 $\sum_{i=1}^{n} \varepsilon_i$。即由这些算法构成的组合算法 $A(A_1(D), A_2(D), \cdots, A_n(D))$ 的隐私保护预算为 $\sum_{i=1}^{n} \varepsilon_i$。

（2）并行组合性：设有隐私保护算法 $A_1, A_2, \cdots, A_n$，其预算为 $\varepsilon_1, \varepsilon_2, \cdots, \varepsilon_n$，那么对于不相交的数据集 $D_1, D_2, \cdots, D_n$，由这些算法构成的组合算法 $A(A_1(D_1), A_2(D_2), \cdots, A_n(D_n))$ 的隐私保护预算为 $\max(\varepsilon_i)$。

通过对这两种性质的使用，可以构建出更加复杂、灵活、强大的组合隐私保护算法，这在应用中有很大优势。

2. 差分隐私的应用形式

按照差分的应用场景，可以分为集中式差分隐私和本地化差分隐私。

1）集中式差分隐私

大部分研究都是针对集中式差分隐私，要求有一个可信的实体存储所有原始数据，然后在这些数据上执行查询或发布聚合统计信息，同时完成差分隐私保护，如图 10-4 所示。

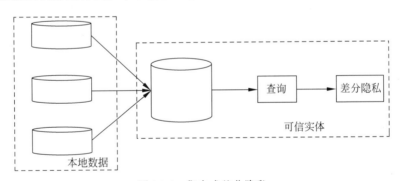

图 10-4　集中式差分隐私

2）本地化差分隐私

如图 10-5 所示，在本地化差分隐私的实现中，不需要将原始数据存储到服务器中，而是将本地化差分隐私后的数据存储在服务器中。最终，对服务器上的数据进行查询操作，其查询结果与集中式差分隐私一致。

集中式差分隐私和本地化差分隐私的区别如下：

（1）集中式差分隐私的随机函数运行于服务器上，本地化差分隐私的随机函数则运行于本地计算机。

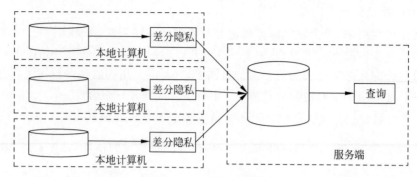

图 10-5 本地化差分隐私

（2）本地查询中任意用户之间并不知道其他人的数据记录，只有服务器上的数据才有全局敏感度。

（3）集中式差分隐私一般采用 Laplace 机制、指数机制，而本地化差分隐私则采用随机响应技术。

本地化差分隐私能比集中式差分隐私提供更强的隐私保障，在许多应用中发挥了作用。例如，苹果公司的移动用户端、Google 浏览器的 RAPPOR，都引入本地化差分隐私保护对个人访问行为、使用习惯等敏感信息进行收集。

此外，差分隐私的应用形式还可以分为交互式数据发布和非交互式数据发布场景下的保护方法。

在交互式环境下，用户向服务方发起查询请求，服务方根据查询请求对数据集进行操作，对查询结果进行差分隐私保护，并将结果反馈给用户，用户只能得到隐私保护后查询结果，不能看到数据集的全貌以及全部统计数据。

在非交互式环境下，服务方针对所有可能的查询，在满足差分隐私的条件下一次性发布所有查询的结果，用户可对数据集自行进行所需的查询操作，也就是服务方发布原始数据集的扰动版本。

3. 隐私机制的理论依据

这里进一步解释差分隐私保护机制的两个重要问题，即 Laplace 噪声分布的参数和指数机制的概率参数，以期从理论方面加深对差分隐私机制的理解。

1）Laplace 噪声分布的参数

ε 差分隐私保护的随机算法 $A(D)=f(D)+\delta$ 在查询结果的基础上叠加随机噪声 $\delta \sim \mathrm{Lap}(\Delta f/\varepsilon)$，服从位置参数为 0、尺度参数为 $b=\Delta f/\varepsilon$ 的 Laplace 分布。下面来检验尺度参数 b 按照这样的取值，可以保证添加的噪声满足 ε 差分隐私。

根据差分隐私的条件：

$$\frac{\mathrm{Pr}[A(D) \in S]}{\mathrm{Pr}[A(D') \in S]} \leqslant e^{\varepsilon} \tag{10-21}$$

把 Laplace 分布函数代入式(10-21)，得

$$\frac{\Pr[A(D) \in S]}{\Pr[A(D') \in S]} = \frac{\frac{\varepsilon}{2\Delta f} e^{\frac{\varepsilon}{\Delta f}|f(D)|}}{\frac{\varepsilon}{2\Delta f} e^{\frac{\varepsilon}{\Delta f}|f(D')|}} \tag{10-22}$$

进一步化简得

$$\frac{\Pr[A(D) \in S]}{\Pr[A(D') \in S]} = e^{\frac{\varepsilon}{\Delta f}(|f(D)|-|f(D')|)} \leqslant e^{\varepsilon} \tag{10-23}$$

式(10-23)成立的条件是

$$|f(D)| - |f(D')| \leqslant \Delta f \tag{10-24}$$

而两个查询的敏感度小于全局敏感度,这是可以保证的,因此,添加噪声 $\delta \sim \mathrm{Lap}(\Delta f / \varepsilon)$ 满足 ε 差分隐私。

2) 指数机制的概率参数

式(10-7)表示指数机制的随机算法 A 以正比于 $e^{\frac{\varepsilon q(D,r)}{2\Delta q}}$ 的概率选择并输出,可提供 ε 差分隐私保护。理论证明如下:

$$\frac{\Pr[A(D) = r]}{\Pr[A(D') = r]} = \frac{\frac{e^{\frac{\varepsilon q(D,r)}{2\Delta q}}}{\sum_{r \in \mathbf{R}} e^{\frac{\varepsilon q(D,r)}{2\Delta q}}}}{\frac{e^{\frac{\varepsilon q(D',r)}{2\Delta q}}}{\sum_{r \in \mathbf{R}} e^{\frac{\varepsilon q(D',r)}{2\Delta q}}}} = \frac{e^{\frac{\varepsilon q(D,r)}{2\Delta q}}}{e^{\frac{\varepsilon q(D',r)}{2\Delta q}}} \frac{\sum_{r \in \mathbf{R}} e^{\frac{\varepsilon q(D',r)}{2\Delta q}}}{\sum_{r \in \mathbf{R}} e^{\frac{\varepsilon q(D,r)}{2\Delta q}}} \tag{10-25}$$

其中

$$e^{\frac{\varepsilon q(D,r)}{2\Delta q} - \frac{\varepsilon q(D',r)}{2\Delta q}} > e^{\frac{\varepsilon}{2}} \tag{10-26}$$

$$\frac{\sum_{r \in \mathbf{R}} e^{\frac{\varepsilon q(D',r)}{2\Delta q}}}{\sum_{r \in \mathbf{R}} e^{\frac{\varepsilon q(D,r)}{2\Delta q}}} = \frac{\sum_{r \in \mathbf{R}} e^{\frac{\varepsilon q(D,r)}{2\Delta q}} e^{\frac{\varepsilon q(D',r)-\varepsilon q(D,r)}{2\Delta q}}}{\sum_{r \in \mathbf{R}} e^{\frac{\varepsilon q(D,r)}{2\Delta q}}} \tag{10-27}$$

因为

$$e^{\frac{\varepsilon q(D',r)-\varepsilon q(D,r)}{2\Delta q}} \leqslant e^{\frac{\varepsilon}{2}} \tag{10-28}$$

所以

$$\frac{\sum_{r \in \mathbf{R}} e^{\frac{\varepsilon q(D',r)}{2\Delta q}}}{\sum_{r \in \mathbf{R}} e^{\frac{\varepsilon q(D,r)}{2\Delta q}}} \leqslant e^{\frac{\varepsilon}{2}} \tag{10-29}$$

使得

$$\frac{\Pr[A(D,q,\mathbf{R}) = r]}{\Pr[A(D',q,\mathbf{R}) = r]} \leqslant e^{\varepsilon} \tag{10-30}$$

10.3.4 同态加密

安全多方计算能使多个站点通过协议完成所需要的计算任务,并且每一方都只知道自己所拥有的数据,而不需要知道其他节点的数据,因此是隐私保护技术的重要基础。

安全多方计算的基础是同态加密,最早由 R. L. Rivest 等于 1978 年提出[3]。通过同态加密,各计算节点只要在密文数据上运算,就能得到和明文上一样的运算结果。同态加密是指这样一种加密函数,对明文上的加法和乘法运算结果做加密,与明文加密后,再对密文进行相应的运算,结果是相同的。用数学语言来表达就是,对于两个明文数据 a、b,具有同态性质的加密函数 Enc 应当满足下式:

$$\mathrm{Enc}(a \oplus b) = \mathrm{Enc}(a) \odot \mathrm{Enc}(b) \tag{10-31}$$

其中,Enc 是加密运算;$\oplus$、$\odot$ 分别表示明文和密文域上的运算。

当 $\oplus$ 代表加法时,称该加密为加法同态加密;当 $\odot$ 代表乘法时,称该加密为乘法同态加密。除了加法同态、乘法同态外,还有同时满足加法同态和乘法同态的全同态加密。全同态加密是可以进行任意多次加和乘运算的加密函数。

从另一个角度看式(10-31),也意味着下式成立。

$$a \oplus b = \mathrm{Dec}(\mathrm{Enc}(a) \odot \mathrm{Enc}(b)) \tag{10-32}$$

其中,Dec 是与 Enc 相对应的解密函数。

从式(10-32)可以看出,如果两个计算节点 A、B 分别拥有数据 a、b,它们各自对数据进行加密运算,得到 $\mathrm{Enc}(a)$ 和 $\mathrm{Enc}(b)$,然后把加密后的数据传给对方,各节点分别用 Dec 进行解密,即可得到明文上的计算结果。在这个过程中并不需要把 a、b 共享给对方。

一个同态加密方案包含四部分,即加密函数、解密函数、密钥生成和双方商定好的运算。数据提供方 A 负责密钥生成,得到(公钥、私钥)密钥对,并对原始数据使用公钥加密,并把密文发送给 B;B 接收到后,无须解密,直接在密文上与本地密文进行相应的运算,然后把数据返给数据提供方 A;A 接收到后,使用私钥解密,从而得到原始数据相应的运算结果。

从现有的同态方案看,加法同态、乘法同态和全同态这三种形式的同态加密支持不同的运算,例如 Paillier 方案[4]只支持加法运算,ElGamal 方案[5]只支持乘法运算,而 Z. Brakerski、C. Gentry 和 V. Vaikuntanathan 提出了全同态方案[6]。

10.4 大数据隐私攻击与保护

随着大数据的发展,越来越多应用都运用机器学习来拓展系统功能。当训练数据存在个人数据时,数据层的隐私保护成为一个重要问题。目前关注度比较高的隐私数据类型有关系型数据、位置型数据、轨迹型数据、社交网络数据等。在机器学习系统中可以使用 K 匿名及其变体、差分隐私、安全多方计算和联邦计算等隐私保护方法。

10.4.1 关系型数据隐私保护

关系型数据是用关系模型表示的数据,典型的有患者信息、交易记录等。这些数据以二维表的形式组织起来,具有记录、字段/属性/特征、关键字等信息。

K 匿名是一种经典的针对关系型数据而提出来的隐私保护方法,它包含了两方面问题:一是 K 匿名原则,用于控制匿名程度;二是 K 匿名算法的设计与实现。

1. K 匿名原则

针对不同的隐私攻击,人们提出了不同的匿名化原则。

(1) 基本原则:K 匿名原则是要求所发布的数据表中的每一条记录不能区分于其他 $K-1$(K 为正整数)条记录,称不能相互区分的 K 条记录为一个等价类。等价类的划分只根据准标识符。K 是由用户自行选择的参数,用来控制隐私保护程度,K 越大,隐私保护程度越好。

(2) 多样化原则(L-diversity):在划分等价类时,除了考虑准标识符外,也考虑敏感属性。L-diversity 保证每一个等价类的敏感属性至少有 L 个不同的值,攻击者最多以 $1/L$ 的概率确认某个体的敏感信息。

具体在衡量每个等价类的多样性时,可以使用信息熵。等价类的熵定义为

$$\text{Entrop}(E) = -\sum_{s \in S} p(E, s) \log p(E, s) \tag{10-33}$$

其中,$p(E, s)$ 为等价类 E 中敏感属性值为 s 的记录的百分比。

熵越大,等价类的敏感属性值分布越均匀,攻击者揭露个人的隐私就越困难。至于信息熵应当大于多少,需要从数据可用性的角度进行调整。

(3) 局部与全局的敏感属性分布邻近原则(T-closeness):在 L-diversity 基础上,进一步考虑了敏感属性的分布问题。它要求所有等价类中敏感属性值的分布尽量接近该属性的全局分布。接近程度是通过这两个分布相似度或距离来度量的。

除此之外,还有其他很多匿名化原则,例如递归 (c, l)-diversity,保证了等价类中频率最高的敏感属性值出现频度不至于太高。也有针对动态数据发布环境隐私攻击的保护原则以及个性化的 K 匿名原则等。

2. K 匿名算法

K 匿名在算法设计实现上,目前主要有以下几大类:基于空间划分的匿名化算法、基于泛化图的匿名化算法、基于聚类的匿名化算法等。这些算法的优化目标如下:

(1) 每个匿名组内的样本数在 $[K, 2K-1]$ 内,并尽可能小。

(2) 每个匿名组内的样本尽可能聚集。

其中,(1)满足 K 匿名的最低隐私要求,这个限制也意味着最终匿名化的数据表包含尽可能多的匿名组;(2)的目的是使得匿名化的数据表所造成的信息损失量最小。

如图 10-6 所示 6 个样本,当用户设定 $K=2$ 时,可以划分为 2 个或 3 个等价类。但是满足上述条件的最佳结果如图 10-6(b)所示。

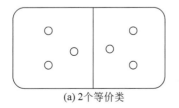　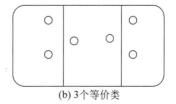

(a) 2个等价类　　　　　　　　　　(b) 3个等价类

图 10-6　6 个样本的匿名化划分

当给定的数据集维度较高时,要进行等价类的划分就会产生很高的复杂度。为此,在划分算法上,可以利用 KD 树结构来存储划分过程中产生的所有划分,提高近邻的计算过程。

此外,从 K 匿名算法的优化目标来看,与聚类算法的优化目标基本一致,即保证类内的聚集性。为此,基于聚类的匿名化算法将原始记录映射到特定度量空间中,再对空间中的点进行聚类来实现数据匿名。类似于 K 匿名,算法保证每个聚类中至少有 K 个数据点。由于发布的结果只包含聚类中心、半径以及相关的敏感属性值,同一个等价类中的记录不可区分,因此对个人的敏感信息实现了隐藏。

10.4.2 位置隐私保护

位置信息是一种重要的隐私信息,典型的包括物理位置、经纬度信息,以及 IP 地址、页面位置等虚拟位置。按照时间顺序形成的位置序列,即轨迹也包含了一定的个人隐私。

位置隐私保护常见的场景是基于位置的服务(LBS),服务商根据用户提供的位置信息进行服务推荐,但用户希望保护自己的位置隐私,由此服务质量和位置隐私之间存在矛盾。对于轨迹隐私,常见的场景有路径规划、行程推荐等。

位置隐私保护技术的主要方法有添加随机噪声、模糊化、K 匿名等,这些方法介绍如下。

1. 添加随机噪声

添加随机噪声的基本思想是在位置数据中加入噪声,将噪声位置和真实位置一起发给服务提供商,并根据真实位置过滤出服务提供商返回的结果。如图 10-7 所示,为真实位置生成随机化的位置,即噪声位置。

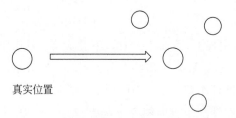

真实位置

图 10-7　在真实位置周围添加随机噪声位置

从可用性的角度看,需要对服务提供商返回的结果进行过滤,选择出与真实位置邻近的结果。

从隐私安全的角度看,针对这种随机噪声添加方法存在以下隐私攻击途径。

(1)通过位置中心法获得真实位置,一般情况下,考虑到位置服务质量的要求,用户端随机生成的位置会围绕着真实位置分布。因此,攻击者就可以通过计算用户提交的位置的中心来估计真实位置。

(2)过滤掉不合理位置,在生成随机位置时,如果没有进行位置合理性判断,则可能导致噪声位置在服务端看来是不太可信的情况。此时,攻击者利用地图就可以排除不合理位置来缩小攻击范围。

添加随机噪声的思路具有差分隐私的特征,具体有很多不同实现方法。基于本地差分的思想,为真实位置生成若干噪声位置,并与真实位置构成一个候选位置集。在每次请求位置服务时,从该集合中选择一个位置,发起一个位置服务请求,而不像图10-7把所有噪声位置都发给服务方。

但不管怎样,这种随机化噪声位置技术的安全性取决于位置的合理性,相应的一些增强办法需要考虑位置的实际情况,如访问人流多少等因素。此外,结合实际地图和地理信息进行噪声位置选择也是很有必要的。

2. 模糊化

模糊化是把精确的经纬度位置扩大为一个区域,降低位置的精度,从而实现真实位置的隐私保护。这个区域可以用圆、矩形等各种形状来表示,但是需要得到服务端的支持,允许对提交的区域进行服务检索。

采用模糊化方式,客户端发送给服务器的不再是一个经纬度信息,而是描述区域的几何图形参数,为了让服务器理解这些参数并进行位置服务,就要求客户端与服务端制定一种支持模糊化位置的服务协议。

从可用性的角度看,客户端也必须从服务端返回的信息中提取符合真实位置要求的记录。所设定的区域越大,可用性就越低。从隐私安全的角度看,通过改变区域的形状参数,如半径、边长等,可以控制隐私安全和服务质量的平衡。

3. K 匿名

作为经典的隐私保护方法,K匿名也可以用在其他非结构化数据的隐私保护中。在位置服务中要划分等价类,就需要有足够数量的位置请求,因此只适用于位置请求比较密集的区域。

最近邻匿名(NNC)是一种经典的K匿名方案[7],它通过寻找附近$K-1$个用户生成最小边界的矩形区域来实现匿名化。为了确保匿名区域的随机性,NNC采用了一种二次K匿名的策略。在如图10-8所示的5个用户中,假设用户u要求匿名访问,则按照如下步骤。

(1) 以u为中心,选择最近的$K-1$个用户,即$u2$和$u3$;

(2) 在这些用户中,随机选择一个用户,假设为$u2$;

(3) 以$u2$为中心,选择其最近的$K-1$个用户(不含u),即$u4$和$u5$;

(4) 得到匿名区域$\{u,u4,u5\}$。

这种方法要求存在一定的用户数,在实际应用中,如果没有足够数量位置请求的密集区域,也可以采取时间换空间的做法来实现K匿名。基本策略就是等待,直到区域中的用户数达到K的要求。如图10-9所示,假设矩形区域是一个敏感位置区域,用户不希望让其他人知道他在这个区域发起了位置请求。

那么当用户C需要位置服务时,区域内没有同时的K个位置请求,C采取等待策略,当用户A、B进入区域并且需要位置请求时,就产生了一个位置等价类。此外,服务方推测用户真实身份的概率为$1/K$,保证了隐私安全。

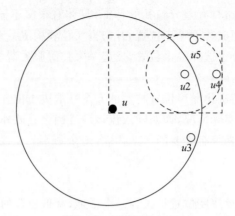

图 10-8　NNC($K=3$)

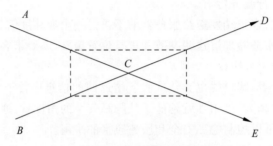

图 10-9　基于等待策略的位置请求

从可用性的角度看,这种方式需要等待,对实时性要求不高的应用是合适的。

10.4.3　社交网络隐私保护

社交网络是另一种常见的非结构化数据,典型的应用如在微博社交网络上进行信息推荐、在微信朋友圈分享信息等,都会涉及社交网络。由于社交网络的特殊性,对于社交网络隐私保护,需要从社交网络的隐私信息、隐私攻击方法以及社交网络隐私保护技术三个角度来理解。

1. 社交网络的隐私信息

不同于二维表数据、经纬度位置数据或轨迹数据,不同社交网络结构差异大,使得社交网络中的隐私信息变得多样化。典型的社交网络如微博和各种网络论坛,每个用户都有一些标识与属性,例如关于个人的身份、工作的标签。用户之间存在一些关系,这些关系是通过"关注"形成的。在这些关系的基础上,网络中会出现一些群体,群体内部用户的相似性高或交互更加密切。

虽然社交网络用户经过实名认证,但是并不一定要把个人的真实信息公开出来。社交网络本身也提供了隐私的个性化定义,让用户自行设定个人信息的显示方式。由此可见,社交网络的隐私保护已经得到了关注。

社交网络中的用户标识与属性、用户间关系以及用户群体特征等都可以成为一种个人隐私。具体而言,有以下四种类型。

1）某个人是否存在于社交网络中

某个人不希望其他人知道他是否在社交网络中。尽管社交网络数据可能去除了用户的标签标识,但是攻击者获得社交网络数据后,仍有可能推理出某个人是否存在于社交网络中。

2）某个人是社交网络中的哪个节点

某个人在社交网络上没有显示真实名字,但也不希望其他人推理出他是社交网络中的哪个节点。

3）用户属性值

用户属性值描述了社会网络中个人的某种特征,例如学历、职业等,也可以看作隐私信息。

4）用户关系结构

用户的社交关系特征包括用户的朋友多少、用户的朋友群体特征、与其他用户之间的联系以及用户所在的社团等,都是具有一定敏感性的信息。这些关系结构可能是节点的度、节点之间的最短路径、节点的邻居子图、节点所在的社团等。

2. 社交网络隐私攻击

大数据隐私的攻击方法包括链接攻击、一致性攻击、背景知识攻击等,但针对社交网络数据的攻击有更多独特的方式,下面进行介绍。

1）针对节点的攻击

社会网络中节点的属性可以分为标识属性和敏感属性,其中标识属性为攻击者提供了识别节点的背景知识,例如年龄、性别、籍贯、学历等,攻击者可以将网络中的节点标识属性值与其掌握的实体属性值进行链接,从而识别节点的真实身份。

社会网络的节点度表示该节点与社会中的其他实体之间的关系数目。如果攻击者通过其他渠道获得了某实体的度信息,那么他就可以使用该节点的度信息对社交网络进行隐私攻击。如图10-10所示,如果攻击者知道某人的度为3,那么就很容易从社交网络中识别出 B 就是这个人。

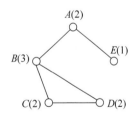

图 10-10 社交网络的节点度

2）针对边的攻击

边的隐私信息包括边的属性、边的连接关系,在社交网络中,边的属性有标签、权重等,标签可以是电话、电子邮件等联系方式。如果攻击者知道某个属性值,那么就可以从社交网络中推理节点和关系,从而获得隐私信息。

3）子图攻击

现实社交网络中,个体与邻居可能会形成某种特定的网络结构,而这种结构如果比较特殊,就很容易成为攻击者识别子图的途径。

显然子图有多种形式,但是在现实中,具有社会性的子图才会成为隐私信息。例如,社交网络中有"三度影响力"之说,一个人的朋友以及朋友的朋友,这种信息会被他人所知道,如果能在社交网络中找到体现这种关系的信息,那么就可以获得个人及其关系信息。

而当朋友的级数太多时,这种结构信息的社会意义已经很弱,不会成为攻击者的背景知识。因此,在系统攻击研究中,通常根据其社会性,提炼出若干典型的子图,作为隐私攻击对象。

目前,针对子图的攻击主要有节点邻居图、子图结构等。定义距离节点 u 长度 d 之内的所有节点为 u 的 d-邻居节点,u 的 d-邻居节点及其相互之间的边构成的子图称为节点 u 的 d-邻居子图。

图 10-11(a)是原始的社交网络,图 10-11(b)是删除节点显性标识符之后的网络。把节点的 1-邻居节点的连接关系作为一种背景知识,假如攻击者知道某个人有两个朋友并且他们互不认识,即 2 度节点的 1-邻居节点是不连接的,那么攻击者可以从社交网络中推理得到节点 8 就是这个人。因此,尽管显性标识符已经删除,但还是会造成隐私泄露。

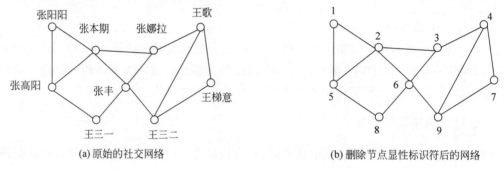

(a) 原始的社交网络   (b) 删除节点显性标识符后的网络

图 10-11　社交网络子图攻击

3. 隐私保护方法

社交网络隐私保护方法有多种,既可以采用 K 匿名,也可以采用加噪声等方法。这里重点介绍节点 K 匿名、子图 K 匿名和数据扰乱。

匿名化的思想是对图进行适当修改,使得符合某种条件的节点或子图个数至少有 K 个,这样隐私泄露概率不超过 $1/K$。数据扰乱的思想是对社交网络进行随机化修改或添加噪声,使得攻击者不能准确地推测出原始真实数据。数据扰乱方法具体分为数值扰乱和图结构扰乱。

1) 节点 K 匿名

实现 K 匿名比较好的方法是聚类,将社交网络中所有节点聚类成若干超点,其中每个超点至少包含 K 个节点,由于在超点中节点相互之间不可区分,因此在该社会网络中,节点受隐私攻击而导致隐私泄露的概率不超过 $1/K$。

在具体的聚类算法设计方面,可以借鉴社交网络的社区发现算法。社交网络存在着一个共同的特性,即社区结构,社区内部的节点联系紧凑,而社区之间的节点联系稀疏,与聚类目标以及节点匿名化的要求一致。目前已经有较多算法,主要算法分为重叠社区发现和非重叠社区发现。社交网络的非重叠社区发现主要有 GN 算法、快速分裂算法、Newman 快速算法、CNM 算法以及标签传播算法等[9]。

节点 K 匿名中属于非重叠社区发现,即把给定的社交网络划分成指定数目的社区。

对图 10-11(a)中的节点按照聚类个数为 3,进行了 $K=3$ 的匿名化聚类,结果如图 10-12 所示。

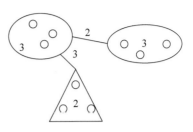

其中,{张阳阳、王三一、张高阳}、{王三二、王歌、王梯意}、{张本期、张娜拉、张丰}分别是图中的三个类,每个类作为一个超节点。

节点聚类成超点导致了边两端节点的信息损失,增加了图结构不确定性,降低了数据可用性。因此,可以保留一些统计数据。如图 10-12 所示,两个超点之

图 10-12　图聚类结果

间边的数目等于端点分别为两个超点内部节点的边的数目。同时,每个超点记录了其内部结点间边连接数目。

2) 子图 K 匿名

当攻击者将目标所在的特定子图作为背景知识进行隐私攻击时,社交网络中至少有 K 个相同的子图可作为候选,则目标子图导致隐私泄露的概率小于 $1/K$,这种隐私保护方法称为子图 K 匿名。生成子图 K 匿名的方法可通过在社交网络中加伪点、加伪边、删除边等。

(1) 度作为攻击者的子图知识。

对于图中的任意节点,至少有 $K-1$ 个节点与该点的度相同,图 10-13(a)和图 10-13(b)均为子图 2 匿名图,对于任意节点,至少有另一个节点的度与之相等。

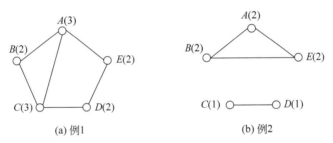

(a) 例1　　　　　　　　(b) 例2

图 10-13　子图 2 匿名图的两个例子

(2) 邻居作为子图知识。

当攻击者将节点的 1-邻居图作为背景知识时,K 匿名化方法应当使得对于任意节点的 1-邻居图,至少有 $K-1$ 个节点的 1-邻居图与其同构。这里的同构是指邻居之间的连接方式。在匿名化过程中,可以加入伪边、伪点和概括节点标签。

对于图 10-11(b)各节点的 1-邻居子图,可以发现节点同构关系,即 1 与 7,3 与 4、5、9 构成同构关系,而 2、6、8 没有对应的同构关系。因此,在图 10-11 中增加一条边,把 8 和 9 连接起来,即加入伪边。此时,1 与 7,3 与 4、5、8,6 与 2、9 构成同构关系。图 10-14 是图 10-11(b)的 1-邻居子图 2-匿名图($K=2$),每个节点隐私泄露的概率小于 1/2。

3) 数据扰乱

数据扰乱的基本思想是通过对社交网络图进行随机化修改,类似于差分隐私的添加噪声,使得攻击者不能准确推测出原始真实数据,从而起到保护社交网络数据隐私的作用。

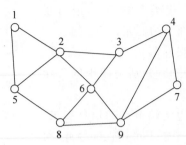

图 10-14　图 10-11(b)的 1-邻居子图 2-匿名图($K=2$)

两种数据扰乱的思路包括数值扰乱和图结构扰乱。前者主要用于为加权图中的边权重提供隐私保护;后者随机地进行图数据扰乱和修改,可以阻止攻击者获知原始图结构,从而保护社交网络数据隐私。要注意与前述方法中加伪边、伪点的区别,伪边、伪点并不是随机添加。

(1) 数值扰乱:针对社交网络中的边权重,对其加入噪声进行扰乱,如按照式(10-34)。

$$w'_i = w_i(1+x_i) \tag{10-34}$$

其中,w_i 和 w'_i 分别表示边 i 的初始权重、扰乱后权重;x_i 表示加入的噪声,服从高斯或拉普拉斯分布。

(2) 图结构扰乱:图扰乱的主要方法是随机添加、删除边以及交换边端点等。但是,很多图性质均与图谱相关,例如平均最短路径、社团结构、传递性等,为了保持图性质和图数据的可用性,在进行图扰乱的同时,应当考虑保持图性质基本不变。

10.5　隐私计算架构

隐私保护的目的是,除了数据拥有者本身以外,确保参与计算的各方都无法准确获知敏感数据。如果在计算过程中数据拥有者不共享自己的敏感数据,那么也就可以保证隐私。基于数据加密的隐私保护技术就是按照这种思路设计出来的,在不共享个人隐私数据的同时完成计算任务,这需要通过一定的计算架构和计算协议来完成。隐私计算架构和协议的层次关系如图 10-15 所示。

在分布式环境下,数据不需要集中在一起运算,而是以垂直划分或水平划分方式存储在各计算节点上,然后通过分布式计算协议来完成计算任务。垂直划分是指按照数据记录的属性来划分节点所存储的数据,每个节点只存储部分属性数据;水平划分是按记录行划分数据,并存储到各个节点,例如每个医院存储各自的患者记录。不管是哪种数据划分方法,每个节点存储的数据都不重复。

图 10-15　隐私计算架构与协议的层次关系（隐私计算协议／分布式计算协议／网络层协议）

分布式计算的数据存储特征与基于数据加密的隐私保护技术要求一致,但是也存在一定差异。在分布式计算中,各节点的输出可以是明文或是可以被还原为明文的密文,而在隐私保护中显然不能允许各节点看到包含敏感数据的明文。因此,当节点具有隐私数据时,就必须设计针对隐私的计算协议。

目前,主要的隐私计算架构有安全多方计算和联邦学习,在不暴露数据的前提下完成机器学习模型参数的训练。安全多方计算属于 P2P 模型,不存在中心服务器节点,通过运行安全多方计算协议,各参与方共同训练全局模型的参数;而联邦学习为 C/S 计算架构,各用户端基于各自的数据在本地训练局部模型,服务器端负责将局部模型合成为全局模型。

10.5.1　安全多方计算

安全多方计算(Secure Multiparty Computation,SMC)是研究拥有私有数据的多个参与方如何合作利用这些私有数据进行计算,同时又不泄露各自私有数据的计算问题。其特点在于以下三方面:

(1) 无可信第三方参与;

(2) 参与方不暴露各自数据,原始数据保留在各参与方本地;

(3) 事先约定一个计算问题。

这些特点与隐私保护机器学习的场景要求一致,因此,安全多方计算被用来实现分布环境下的隐私保护机器学习应用,实现数据所有权和使用权的分离。

安全多方计算是由 Yao 于 1986 年提出的,一个经典的例子是两个百万富翁在不透露个人财富的情况下,求解哪个人更富有。安全多方计算的应用以同态加密为基础,需要设计一组分布式计算协议,参与计算的任意一方都可以发起协同计算任务,图 10-16 是对计算过程的解释。

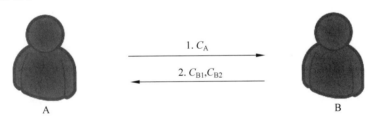

图 10-16　百万富翁的安全计算

针对这个比较财富的例子,假设由 A 发起计算任务,则按照以下步骤进行。

(1) 生成同态加密方案,包括公钥和私钥。

(2) A 加密自己的财富值得到 $C_A = \text{Enc}(a)$,把密文 C_A 发给 B。

(3) B 随机选择两个大整数 x,y,基于这两个整数对自己的财富 b 进行运算后加密获得密文 C_{B1},同时利用同态加密的性质在 A 的密文 C_A 上也进行同样的运算,得到新的密文 C_{B2}。把 C_{B1}、C_{B2} 发给 A。

(4) A 基于同态加密性质,对密文进行解密,从而获得经过步骤(3)中运算后的数值,即两人财富的变换值,从而可对比。

该过程中的具体加密、解密和运算变换方法与具体的同态加密方案有关。

从这个简单的例子可以看出,安全多方计算完成了一个函数 $y = f(x)$ 计算,其中 x 是一组数据,分别来自不同参与方,y 是各参与方预期得到的结果。当把这样的思路运用于机器学习场景时,可以做这样的对应,即 x 是各参与方的训练数据,y 是最终的机器学习模型参数。这样,各参与方不需要把原始的训练数据共享给对方,就可以得到最终的模型参数。

具体的流程类似上述问题的求解过程,其中,a、b 是存储于两个参与方的私有数据。假设也是由 A 方发起计算任务,B 方在加密后的数据上进行模型训练,得到加密的模型参数,并传递给 A;A 解密之后得到模型参数,并与 B 共享。只是在这个过程中,B 不需要再生成随机数运算了。

从例子也可以看出,安全多方计算存在以下 3 个问题。

(1) 通信开销过大:A 方需要把加密后的训练数据都传给 B 方,B 方需要把加密的模型参数传递给 A 方。因此,如何降低通信开销限制了安全多方计算所能解决的机器学习问题。

(2) 同态加密的局限性:同态加密算法只支持整数类型的数据,而机器学习中的数据和参数通常是浮点数的形式;全同态加密不支持非线性运算,只能通过近似函数逼近等。

(3) 恶意敌手的存在,共谋问题是否能解决。

10.5.2　联邦学习

现实中,由于存在计算成本、传输成本、数据安全、数据权属等问题,数据孤岛现象严重,造成数据资源浪费,因此没有真正发挥大数据在机器学习挖掘的作用。在这种背景下,出现了联邦学习。

联邦学习是一种分布式计算,目的是在保证数据隐私安全及合法合规的前提下,实现分布式机器学习。

联邦学习主要用来解决隐私保护下的数据协作学习困境,其主要特征如下。

(1) 各方数据都保留在本地,不泄露隐私,不违反法规。

(2) 多个参与方联合建立共有模型,在建模过程中,不同机构之间、云和端之间共同协作,建立模型学习协议,完成模型训练。

(3) 最终学习到的模型的效果与所有数据放在一起学习的效果相当。

分布式系统中的数据有两种基本划分方式,即垂直划分和水平划分。相应地,联邦学习有两种基本形式,分别为纵向联邦和横向联邦。当各参与方分别拥有样本的不同特征时,纵向联邦学习可以使模型学习到更多特征;反之,横向联邦可以使模型学习到更多样本。目前,大部分应用场景是纵向联邦学习。

如图 10-17 所示,两个不同部门 A、B 分别拥有个人的部分属性数据。采用纵向联邦,把 A、B 两组数据按照样本的唯一特征关联起来,将所有属性组合,构造更大的特征空间。这样,只有唯一特征同时存在于 A 和 B 中的样本,才会被选择进入最后的数据集中,因此纵向联邦学习也称为样本对齐的联邦学习。

纵向联邦学习适用于参与方训练样本的唯一属性的取值重叠较多,而数据特征重叠较少的情况。例如,同一地区的银行和电商有共同的客户,每个客户有一些唯一标识,例如身份证号码、手机号码等,银行可能拥有客户的存款信息,电商拥有客户的消费记录,两

用户ID	性别	收入	职业

用户ID	毕业学校	成绩1	成绩2

(a) 部门A个人部分属性数据　　　　　(b) 部门B个人部分属性数据

图 10-17　纵向联邦的两个数据源

者的重叠特征较少,当银行客户和电商客户交集较大时,纵向联邦学习把客户的存款特征和消费特征组合起来,有利于提升学习效果。

横向联邦学习则适用于参与方的数据特征重叠较多,而样本唯一标识重叠较少的情况。例如,某大型银行要对分布于多个不同城市的分行客户进行挖掘,这些客户具有很多相同的特征,但每个城市只反映了本地的客户,通过横向联邦学习把不同城市的客户联合起来,扩充训练样本总数量。

从技术角度看,联邦学习综合运用分布式技术、机器学习及密码学,在各参与方的明文数据不离开本地的情况下,通过安全的算法协议实现多方共同进行模型训练、预测和推理,充分利用各方所拥有的数据,克服数据孤岛所带来的问题,提升 AI 模型的效果。

10.6 典型应用中的隐私保护

10.6.1 LBS 推荐中的隐私保护

在移动推荐中,隐私保护方法的实现需要一定的架构来支持,主要有独立式结构、集中式结构和混合式结构[7]。由于独立式结构和集中式结构具有各自的优缺点,因此,可以在两者的基础上构建混合式结构,以便为 LBS 推荐提供更合理的隐私保护方法。以下介绍独立式结构和集中式结构。

1. 独立式结构

独立式结构是指隐私保护算法在用户端独立完成,不需要借助其他计算资源,其架构如图 10-18 所示。当用户请求位置服务时,在本地执行隐私保护算法,并把隐私保护后的位置发送给位置服务提供商(LSP)。

服务提供商根据服务请求检索数据库,并将查询的候选结果返回给用户。由于服务端并没有用户的准确位置信息,因此查询结果只是候选集。

用户端对返回的候选结果进行过滤和筛选,根据其隐私保护时的处理方法,从候选结果中求得准确的查询结果。

由此可见,独立式结构较简单,不需要可信的第三方支持,但其缺点也比较明显。

(1)隐私保护算法的执行、位置查询结果的求精都由用户端独立完成,这会造成用户

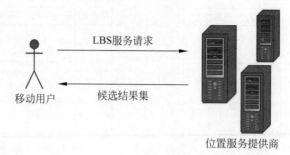

图 10-18　独立式位置服务架构

端的计算开销和时间开销。

（2）用户无法与周围用户交流信息，K 匿名、L 多样性等隐私约束难以实现，当攻击者拥有特定的背景知识时，该结构下的隐私保护方案安全性较低。

2. 集中式结构

集中式结构引入了代理服务器，隐私保护方案的执行和 LSP 返回结果的处理工作均由代理服务器完成，从而减少用户端的开销，其应用架构如图 10-19 所示。用户请求位置服务时，把位置信息、查询内容一同发送给代理服务器。代理服务器获取用户的请求信息后，执行隐私保护算法，对用户的位置信息进行处理，并向服务提供者请求服务。

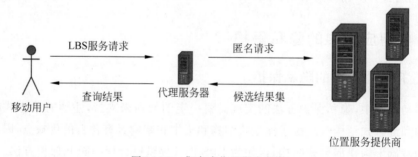

图 10-19　集中式位置服务架构

服务提供者收到代理服务器发送的请求后，查询数据库，将处理结果作为候选集返回给代理服务器。代理服务器根据算法对候选集进行优化，并将处理后的结果返回给用户。

集中式结构把用户端的处理移到了代理服务上，避免了用户端的开销，并且由于用户聚集在代理服务器上，因此在执行隐私保护方法时，可以利用其他用户的请求信息。同时，当位置服务商不可信时，经过代理服务器来进行隐私保护，避免位置信息和用户端标识可能被位置服务商存储、统计。

其缺点主要是代理服务器容易造成单点失效，此外，由于用户需要将真实请求提交给代理服务器，要求代理服务器必须是可信的，如果代理服务器不可信，用户的隐私就会被泄露。

10.6.2 苹果手机中的差分隐私

对于用户来说,使用智能手机的一个典型需求是,用户使用的表情符数量多,如果能根据用户的使用习惯对表情符进行排序,就可以大大提高用户体验,避免在大量的表情符中寻找常用的图符。类似的需求还包括个性化词汇的输入、URL的输入等。然而由于设备特点和资源限制,大量与用户习惯相关的统计数据,并不适合存储于本地,这是可用性方面的需求。

另一方面,从隐私安全需求的角度看,在收集用户输入的表情信息、对这些信息进行处理统计时,应避免表情使用情况被关联到特定用户上。在用户的输入行为数据采集处理过程中,隐私泄露可能来自以下三方面。

(1)收集人员通过终端设备的各种标识来获得表情符使用情况与用户的关联。因此,这些表情符数据在使用过程中,可能被相关人员看到。

(2)苹果公司内部开发运维人员获得表情符数据后,也可以通过手机设备标识等隐性标识符,进行链接攻击、一致性攻击等推测用户隐私。

(3)如果采集到的用户数据存储在云端,当云端安全管理存在漏洞时,可能导致收集到的整个表情符数据被黑客窃取。

为了解决这些问题,苹果公司采纳差分隐私保护技术,通过差分隐私保护平衡了可用性、服务端计算、设备带宽等主要因素。苹果公司的研究团队在2016年全球开发者大会(WWDC)上宣布在iOS10上实现了这种技术,并于2017年公开了部分技术细节[11]。

1. 隐私保护总体结构

苹果公司收集用户行为数据的隐私保护总体结构如图10-20所示,由用户设备端、服务端和内部使用端三部分组成。

图10-20 苹果公司收集用户行为数据的隐私保护总体结构

用户设备端执行本地差分隐私保护,即在用户本地设备发送数据之前,就在本地对数据加入噪声。这样服务端接收的数据不再是原始数据,因此不会泄露个人隐私。

服务端接收用户端上传的数据之后,把用户的设备标识符、IP地址、数据包的发送时间等信息删除,这些是系统自动完成的,以避免对用户进行链接攻击。当大量用户提交数据时,服务器可以通过统计操作将噪声平均、削弱,从而得到用户群体的有意义的统计数据。

这些统计结果最后会被共享给相应的苹果公司团队,即内部使用端。服务器上的用户数据读取和聚合都在受限访问环境中,因此用户个人数据也不能被苹果公司员工广泛访问,只有拥有相应权限的员工才能进行处理。

该总体结构的具体流程,进一步介绍如下。

1)用户设备端的处理

用户设备端的处理包括两个环节。

（1）当用户使用 Emoji 表情符等此类需要统计的事件发生时,用户设备端即用 ε 本地化差分隐私对相应的表情符进行隐私化处理。隐私处理后的结果暂时存储在设备上,而不是直接发送到云端。

（2）在某个时刻或根据移动设备的使用状态,本地系统对暂存的隐私记录数据进行随机抽样,并对数据进行加密后发送至服务器。

以上步骤如图 10-21 所示,用户本地设备记录表情符的使用情况,在本地化差分隐私算法处理后,每条记录会存储在一个临时存储(temporary storage)区域。该存储区域的数据不会立即发送,而是采用延时发送的策略,即当临时存储区域的记录积累到一定程度或时间,或满足某种条件后,设备会将临时存储区域的数据经过随机采样,连同隐私算法的参数一起加密发送到服务端。

图 10-21　用户端的隐私数据处理

2）服务端的处理

服务端的处理也包括两个主要的环节,即采集器和聚合器。

（1）采集器(ingestion)将来自所有设备和用户的数据放在相同的环境中进行处理。在处理时,删除其中的元数据(metadata),包括 IP 地址、设备标识、接收数据的时间戳以及用户输入表情符的时间点。然后根据各自的使用场景(例如 Emoji 表情受欢迎程度、系统偏好设置等)进行分类,最后随机打乱各使用场景内部数据的顺序,并传输至聚合器。

（2）聚合器(aggregation)针对不同的统计场景,分别利用各自的算法(例如 CMS)生成该统计场景下的直方图,这些统计数据在苹果公司内部的相关团队中共享。

2. 差分隐私机制

对于苹果公司而言,其核心问题是如何使本地化差分隐私保护做到既能保证用户隐私又能得到准确的统计结果,这涉及用户设备端和服务端的差分隐私机制。其核心算法是 CMS(Count Mean Sketch)算法,这是一种基于差分隐私的计数算法,基于计数结果生成给内部使用者的统计直方图,该算法包含用户设备端和服务端两部分。下面分别介绍差分隐私机制在这两端的实现。

1）用户设备端差分隐私算法

用户设备端的具体差分隐私算法如图 10-22 所示。首先设备会随机地在多个 Hash 函数$\{h_1,h_2,h_3,\cdots,h_k\}$中选取一个,对原始数据(表情符)进行 Hash 函数映射。

使用选定的哈希函数 h_i 将表情符编码成 m 维空间的向量,例如假设某个表情符经过 h_i 得到的值是 31,那么在该向量中,除了第 31 个位置的元素设置为 1 外,其余的设置为 −1。最后,该向量的每个元素独立地以 $1/\exp(\varepsilon/2+1)$ 的概率翻转,即 −1→1,1→−1,从

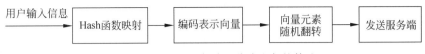

图 10-22　用户设备端差分隐私保护算法

而完成本地化差分处理。

在经过随机采样后,用户端设备将 Hash 函数的索引号翻转向量发送到服务器端。

2）服务端的隐私数据处理

服务器收到一系列用户端设备发来的数据,其首先对隐私向量进行去偏置处理获得用户端发送的向量。

本地化差分隐私就是让各个设备根据一定的概率对自身数据加入噪声,而在云端进行数据聚合时,由于噪声符合一定的概率分布,不同记录间的噪声相互抵消,从而获得基于大样本的统计学特征。

通过这样的处理,最终在服务端可以得到不同特征(例如英语、法语)的苹果用户的表情符使用统计结果,并实现了对用户表情使用情况的保护。

3）进一步的优化

可以想象,如果苹果公司要收集很多 Emoij 之类的用户端信息,用户需要额外的传输成本(流量),因此希望在保证统计准确性的同时,降低用户信息的传输成本,这也是隐私保护可用性的体现之一。为此,苹果公司进一步给出的基于 CMS 的 Private Hadamard Count Mean Sketch(HCMS)算法,考虑了用户端事件采集频率、通信量等实际因素,向量元素以 $1/\exp(\varepsilon+1)$ 的概率翻转,以保证满足 ε 差分隐私要求。

4）隐私保护预算

在隐私保护预算设置上,苹果公司通过限定每个用户的隐私预算来限制单个用户数据的贡献量,这样做是为了防止单个用户的大量数据暴露出用户的活动。苹果公司对收集到的数据最多保留三个月,并且不会保存标识符和 IP 地址。在随机抽样加噪环节,对于 Emoij,苹果公司将差分隐私的隐私预算 ε 设置为 4,每天提交一次(对于 QuickType,隐私预算 ε 为 8,每天提交两次)。

该方案中的两个翻转概率 $1/\exp(\varepsilon/2+1)$、$1/\exp(\varepsilon+1)$ 起到了添加随机噪声的功能,是通过差分隐私理论计算得到的。实际应用中,针对 Emoji 使用情况统计场景,有 2600 个 Emoji 表情需要统计,而针对高耗能网站的统计场景中,共有 250 000 个网站。iOS 系统中的差分隐私设置＞隐私＞分析＞分析数据中提供了隐私数据样本的报告。

参考文献

［1］ McSherry F,Talwar K. Mechanism design via differential privacy［C］. Proceedings of the 48th Annual Symposium on Foundations of Computer Science,2007：94-103.

［2］ McSherry F. Privacy integrated queries：an extensible platform for privacy-preserving data analysis ［C］. The ACM Special Interest Group on Management of Data(SIGMOD),2009：19-30.

［3］ Rivest R L,Adleman L,Dertouzos M L. On data banks and privacy homomorphisms［J］. Foundations of Secure Computation,1978,4(11)：169-180.

［4］ Paillier P. Public-key cryptosystems based on composite degree residuosity classes［C］. Proceedings of International Conference on the Theory and Applications of Cryptographic Techniques. Springer，1999：223-238.

[5] ElGamal T. A public key cryptosystem and a signature scheme based on discrete algorithms[J]. IEEE Transactions on Information Theory，1985，31(4)：469-472.

[6] Brakerski Z，Gentry C，Vaikuntanathan V.（Leveled）fully homomorphic encryption without bootstrapping[C]. Proceedings of the 3rd Innovations in Theoretical Computer Science Conference，2012：309-325.

[7] 裴卓雄. 位置隐私保护中 K 匿名技术研究[D]. 西安：西安电子科技大学，2017.

[8] 刘向宇. 面向社会网络的隐私保护关键技术研究[D]. 沈阳：东北大学，2014.

[9] 徐仁和. 社交网络的非重叠社团划分算法研究[D]. 重庆：重庆大学，2016.

[10] Yao A. C-C. How to generate and exchange secrets[C]. Proceedings of the 27th Annual Symposium on Foundations of Computer Science，1986：162-167.

[11] Differential Privacy Team，Apple. Learning with privacy at scale[EB/OL]. https://machinelearning.apple.com/research/learning-with-privacy-at-scale.

第 **11** 章

聚类模型的攻击

目前,机器学习安全研究得最多的是监督学习,研究人员已经提出了大量的攻击方法。对于无监督学习,其模型也存在被攻击的可能,最终导致模型结果出现错误。本章针对聚类模型,介绍了聚类算法的攻击模型和攻击方法,并给出了相应的实现方法。

11.1 聚类攻击场景

聚类算法用于从一堆无标签数据中发现蕴含的聚集模式,例如根据销售情况对市场进行优化划分,从客户消费数据中发现大众的消费习惯,从大量的新闻报道中发现新闻主题等。特别地,在网络信息安全中,聚类算法可以用于从网络流量数据中发现异常网络行为模式等,例如通过流量的聚类发现那些难以聚类的边界样本。

与分类器应用类似,在对抗环境下,聚类算法也可能受到攻击。例如,针对异常网络行为模式的发现,假设聚类算法把流量数据聚类成如图 11-1 所示的三簇,分别代表正常流量、拒绝服务攻击的流量和口令猜测的流量。如果攻击者拥有往数据集注入特定样本的能力,例如,在图中白色圆圈和黑色实心圆之间的合适位置增加一个点或者移动若干样本的位置,就可能让正常流量和口令猜测流量自动归为一簇或导致聚类结果错误。

聚类攻击可以发生在不同层面,对应于不同的攻击场景。这里以应用层和数据层为例,介绍两个针对聚类算法的攻击场景。

在网络安全中,蜜罐技术是收集入侵行为的一种主要途径,将没有防护的计算机及网络设备暴露在外,引诱攻击者来攻击,从而在主机和网络设备上留下痕迹,

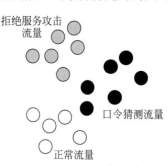

图 11-1　流量数据聚类

防御者基于这些痕迹数据提取攻击者行为特征。针对一定量的攻击者痕迹数据,一种常见的策略是使用聚类算法来找到共同特征。然而这种情况下,如果攻击者知道其行为将被收集并用于构造入侵特征,那么他可以通过适当构造某种特定行为痕迹数据,使得防御者聚类结构发生改变而达不到预期效果。

在数据层,假设攻击者可以获得聚类算法的原始数据集。例如,在入侵检测系统中,原始数据集被用来挖掘发现入侵者的特征,存储于入侵检测系统中。当安全管理不善或存在漏洞时,数据文件可能被非法访问,由此可以直接对数据集中的样本进行修改、添加或删除。

总之,对聚类算法的攻击可以发生在数据层、特征层、应用层等,但由于数据层处于最底层,有利于理解聚类算法的攻击,本章主要针对数据层的聚类攻击。

11.2　聚类算法的攻击模型

第 7 章定义了机器学习系统的攻击者,是针对监督学习模型。无监督聚类算法的攻击者模型有所不同,但仍可以从攻击者目标、能力和攻击方式等方面进行抽象与约定。

11.2.1　攻击者的目标

攻击者的目标可以分为定向攻击和非定向攻击。

定向攻击是指攻击者的目标在于改变某些样本的聚类结构,例如本来 A、B 两个样本归属同一个簇,攻击后把它们分到了不同的簇。而非定向攻击并不针对某些特定的样本,只要能改变聚类结构即可,一般要求是使得所有样本的聚类结构发生最大的改变。

从安全属性的角度看,攻击者的目标可以从完整性、可用性、隐私性三个角度来说明。

(1) 完整性:当进行定向攻击时,在不影响其他样本归属簇的情况下,仅对攻击目标归属簇产生影响。在针对分类器的攻击中,对抗样本的目的是逃避分类器检测,但是攻击并不影响正常样本的分类。

(2) 可用性:在监督学习的攻击中,可用性攻击的目标是引起最大的分类错误,而在无监督聚类中,是尽可能使得目标样本的聚类结果性能变差,即它们的聚类结构发生最大改变。

(3) 隐私性:攻击者通过对聚类过程观测到的数据进行逆向工程,从中推理获得原始数据中的用户隐私信息。

11.2.2　攻击者的知识

攻击者的知识是指对目标系统的掌握程度,这些知识包括以下 4 种。

(1) 关于数据的知识:聚类数据集 D 的全部或部分特征。这种特征最准确的是直接从 D 中获得,当攻击者能力强的时候可以获得。此外,也可以通过具有相同或相似分布的其他数据集来获得。例如,虽然攻击者无法获得某个系统中用户口令数据集,但是由于其特征与其他口令数据集有一定相似性,因此,从其他系统获得的口令数据集也可作为替代。

(2) 关于特征的知识：特征空间是数据样本表示的基础，是聚类算法处理的数据表示，因此是一种重要的知识。特征空间可以是从原始数据集中选择出的部分特征，也可以是经过特征变换后的。

(3) 关于聚类算法的知识：目标系统使用的算法类型、具体算法，簇的组织方式，例如层次聚类的结果等。这些知识约定，决定了给定数据中任意两个样本是否归属同一个簇。

(4) 关于算法参数的知识：大部分聚类算法都存在一些需要人工设定的参数，例如 K-means 的 K、DBSCAN 的半径和邻居数等。这些对于攻击者而言，是一种重要的知识。

与分类器中的攻击者类似，根据攻击者对这些知识掌握程度的不同，攻击者知识也可以归结为完美知识和不完美知识，分别表示攻击者对各种知识完全掌握和不完全掌握。

11.2.3 攻击者的能力

攻击者的能力定义了攻击者如何控制聚类过程以及对聚类过程能控制到什么程度。在监督学习的攻击中，可以根据攻击者对训练和测试阶段的控制能力来执行攻击，分别有投毒攻击和逃避攻击。但是无监督学习中没有测试阶段，因此，攻击者只能执行投毒攻击，通过操控要聚类的数据来实现。

操控聚类数据的方式有以下三种。

(1) 往数据集中增加样本。由于增加太多对抗样本会造成数据集分布特征显著变化，因此需要限定所允许增加的样本数量。

(2) 修改数据集中的样本。具体是通过改变样本的特征权重来实现。在实际中，考虑到特征修改的合理性，有的特征权重容易修改，有的特征权重不容易修改，因此，样本的修改存在最大修改量限制。

(3) 删除数据中的样本。这种方式只发生在数据层，被删除的样本数量也应受到限制。

11.2.4 攻击方式

针对完美知识和不完美知识两种情况，攻击方式分别有白盒攻击和黑盒攻击。从聚类算法安全的角度来看，这两种攻击分别对应安全性的两个边界，因此运用攻击方法来检验聚类算法的抗攻击能力。白盒攻击又可以分为投毒攻击和混淆(obfuscating)攻击，分别对应不同的攻击目标。

1. 投毒攻击

污染数据使得聚类结果变差，攻击者的目标就是破坏系统的可用性，最大化从原始数据得到的聚类结果与污染后数据的聚类结果之间的距离。

任何聚类结果都可以用矩阵表示，每个元素表示样本归属簇的概率，对于硬聚类，为 0 或 1。因此不同聚类之间的距离可以通过矩阵运算结果来度量，如下式：

$$d_c(\boldsymbol{Y}, \boldsymbol{Y}') = \| \boldsymbol{Y}\boldsymbol{Y}^{\mathrm{T}} - \boldsymbol{Y}'\boldsymbol{Y}'^{\mathrm{T}} \|_F \qquad (11\text{-}1)$$

其中，F 表示范数。

聚类算法在原始数据集和投毒后的数据集上执行之后才能得到 Y、Y' 两个矩阵。

2. 混淆攻击

混淆攻击方式通过定向攻击来破坏系统完整性。与投毒攻击的区别在于，仅对某些特定样本的归属簇进行攻击。

投毒攻击或混淆攻击可以根据实际情况做进一步的限定，例如：

(1) 攻击者最多可以注入 m 个点到原始数据集中；

(2) 投毒攻击或混淆攻击的样本点只能位于一些固定区域。

3. 黑盒攻击

前述的攻击方式都是在已知聚类算法的情况下进行，属于白盒攻击，但实际中攻击者可能无法了解聚类算法及其相应输入数据，属于黑盒攻击[1]。

11.2.5 攻击性能评价

对聚类算法的攻击最终使聚类结构发生变化，衡量攻击性能时可以基于样本与簇相似性矩阵来运算。

假设 Y、Y' 分别表示攻击前后样本归属簇的概率矩阵，那么可以用式(11-1)来衡量不同聚类结构之间的距离。例如，假设某个数据集有 3 个样本，聚类成两个簇，每个样本归属每个簇的概率用矩阵 Y 来表示：

$$Y = \begin{bmatrix} 0.1 & 0.9 \\ 0.6 & 0.4 \\ 0.7 & 0.3 \end{bmatrix} \tag{11-2}$$

当发生攻击后，概率矩阵 Y' 为

$$Y' = \begin{bmatrix} 0.3 & 0.7 \\ 0.4 & 0.6 \\ 0.7 & 0.3 \end{bmatrix} \tag{11-3}$$

那么

$$YY^{\mathrm{T}} = \begin{bmatrix} 0.82 & 0.42 & 0.34 \\ 0.42 & 0.52 & 0.54 \\ 0.34 & 0.54 & 0.58 \end{bmatrix} \tag{11-4}$$

其中(i,j)位置的元素值反映了这两个样本归属同一个簇的可能性。

$$Y'Y'^{\mathrm{T}} = \begin{bmatrix} 0.58 & 0.54 & 0.42 \\ 0.54 & 0.52 & 0.46 \\ 0.42 & 0.46 & 0.58 \end{bmatrix} \tag{11-5}$$

当两个矩阵相同时，$d_c(Y,Y')=0$。

除了从归属簇的差异来衡量外，也可以从聚类有效性(Cluster Validity)指标来衡量。常用的聚类有效性指标有 Calinski-Harabasz(CH)、Davies-Bouldin(DB)、Xie-Beni 等。

Calinski-Harabasz(CH)指标由分离度与紧密度的比值得到,通过计算各簇中心点之间的距离平方和来度量数据集的分离度,通过计算簇内各点与簇中心的距离平方和来度量类内的紧密度。因此,CH越大代表簇自身越紧密,簇与簇之间越分散,即更优的聚类结果。当聚类的输入数据被投毒攻击以后,其类内紧密度和类间距离会发生变化。

11.3 聚类算法的攻击方法

聚类算法的攻击样本生成要比分类模型难得多,因为大部分聚类算法本质上是启发式的(ad-hoc),不像分类模型有比较好定义的攻击目标函数。因此,关于聚类算法攻击样本的研究比较少,少量研究也只是针对特定的聚类算法。

目前的方法主要是针对输入数据集,研究如何进行样本的添加,使得修改后的数据集产生聚类错误的样本比例最大化。为此,有两种基本的策略,分别是桥接攻击和扩展攻击。

最早讨论对抗环境下的聚类算法的是 D. B. Skillicorn[2] 和 J. Dutrisac[3]。作者通过在初始聚类的决策边界附近放置攻击样本,即边缘聚类,并最终导致误聚类。

B. Biggio 以一个更加详细的方法来进行聚类的对抗攻击,提出了混淆攻击和投毒攻击,并在 single-linkage 分层聚类算法上进行验证[4]。Biggio 等于 2014 年进一步扩展他们之前的工作,应用到 complete-linkage 分层聚类算法中[5]。

针对 DBSCAN 聚类算法的投毒攻击,J. Crussell 和 P. Kegelmeyer 于 2015 年提出了防御策略[6]。

11.3.1 桥接攻击

为了实现聚类的投毒攻击,在有限的攻击样本下实现最大化聚类错误,基于桥接策略的启发式算法,采用贪心算法思想,每次增加一个攻击样本,寻找投毒攻击目标函数的局部极大值。针对不同的聚类算法,桥接攻击都涉及基本桥接方法以及桥接簇的选择等问题。这里以密度聚类和层次聚类为例进行介绍。

1. DBSCAN

DBSCAN 算法是一种基于密度的聚类算法。它使用两个参数进行聚类,即 T 和 MinPts。其中,T 是距离阈值,决定了每个点的邻居数目。一个点如果被视为核心点,那么在 T 邻近范围内这个点必须拥有的邻居数量为 MinPts。

DBSCAN 与 K-means 等基于划分的聚类算法不同,它不需要事先指定簇的个数。DBSCAN 聚类产生的簇可以是任意形状的,一个簇被定义为由核心点 p 密度可达的所有点构成。对于核心点 p,点 q 密度可达的条件如下(满足任一条件即可)。

(1) q 必须在 p 的 T 邻近范围。

(2) 有一个核心点序列 $p_0 p_1 p_2 \cdots p_n$,使得 p_0 是 p 的 T 近邻,p_i 是 p_{i-1} 的 T 近邻 $(0 < i \leqslant n)$,并且 q 是 p_n 的 T 近邻。

下面介绍对于 DBSCAN 聚类算法的攻击与防御方法。

1) DBSCAN 中两个簇的合并攻击

对于 DBSCAN 的攻击,在两个类之间加入核心节点,可以导致 DBSCAN 合并两个类。假设 P_S、P_T 是两个簇,攻击者想要使得这两个簇发生合并而变为一个簇。假设攻击者知道 MinPts=2,那么,必须产生 $n-1$ 个数据点,使得以下不等式组成立。

$$\begin{cases} \mathrm{Dist}(p_s, p_1) \leqslant T \\ \mathrm{Dist}(p_i, p_{i+1}) \leqslant T \\ \mathrm{Dist}(p_n, p_t) \leqslant T \end{cases} \tag{11-6}$$

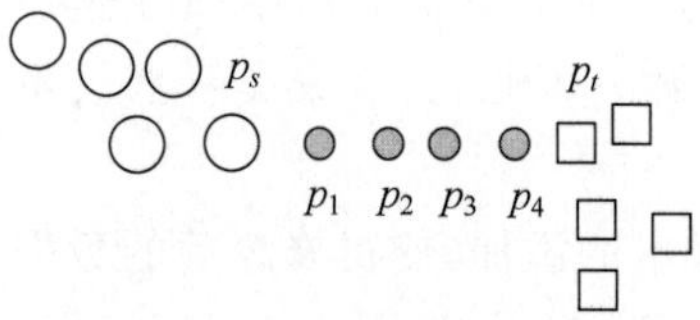

其中,$i \in [1, n]$;p_s 和 p_t 分别是 P_S、P_T 这两个簇中被选择用来合并簇的两个点;Dist 是任意的距离函数。图 11-2 是 DBSCAN 聚类的桥接攻击方法示意图,在 p_s 和 p_t 之间加入 4 个攻击点。

图 11-2 DBSCAN 的桥接攻击

显然,T 越小,攻击者应当产生更多的数据点。因此,对于上面的条件,为了最小化攻击者产生数据点的数量,应当取式(11-6)中的等号对应的条件。

2) 攻击顺序的选择

聚类结果包含多个簇,攻击者如何选择 P_S、P_T 这两个簇进行合并,需要考虑目的是定向攻击还是非定向攻击,一般而言,攻击者有以下若干选择。

(1) 随机选择,攻击者随机选择两个簇进行攻击。

(2) 选择最大的两个簇。

(3) 根据最近邻簇,选择离得最近的两个簇。

(4) 选择最小的簇及其最近邻簇。

(5) 选择包含特定数据点的簇及其最近邻簇。

3) DBSCAN 的防御

从防御的角度看,在执行 DBSCAN 之前可以先对数据集进行清洗,删除可能是恶意加入的攻击样本。根据攻击样本的特征,可以假设边界点(outlier)度量来检测这些样本。有很多检测边界点的度量方法,包括基于邻居关系、本地密度、点之间的角度以及这些方法的集成。

2. 层次聚类

层次聚类以层次树的形式输出聚类结果的表示,而具体选择多少个簇作为聚类的最终结果,是由使用者自行确定的,因此也给攻击者带来了不确定因素。以图 11-3 所示的层次聚类为例,考虑簇个数为 2、3 的情况。

1) 两个簇的情况

如果划成两个簇,这两个簇是 $A = \{a, b, c, d\}$ 和 $B = \{e, f, g\}$,那么桥接攻击的数据点分别从 A、B 选择两个最近的点作为桥接的开始 p_s 和结束 p_t,然后再执行桥接。

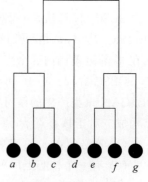

图 11-3 层次聚类

2）三个簇的情况

此时，聚类结果的三个簇是 $A=\{a,b,c\}$、$B=\{d\}$ 和 $C=\{e,f,g\}$。把攻击样本放置于最近两个类之间，即在 A 和 B 两个簇之间放置攻击样本，这样有利于提升攻击成功率。

显然，对于攻击者而言，针对层次聚类的投毒攻击方法，需要知道以下知识。

（1）簇的个数。不同的簇个数对于攻击样本的位置是不同的。

（2）簇的相似性度量方法。对于层次聚类常用的聚类度量方法有 single-link、complete-link、average-link 等。

在 single-link 中，两个簇的相似性是其最相似成员的相似性。

在 complete-link 中，两个簇的相似性是它们最不相似的成员的相似性。

在 average-link 中，两个簇的相似性是两簇中元素相似性的平均值。

不同的相似性度量方法产生不同的聚类结果，相应地，攻击样本的位置也就不一样。

11.3.2　扩展攻击

为了有效改变聚类结果，桥接攻击的途径是合并两个簇，与此相反的策略就是拆分簇，即扩展攻击。扩展攻击通过在簇的边缘区域添加数据点，从而改变簇间的平均距离。

图 11-4 是扩展攻击的示意图，A（空白圆圈）、B（空白方框）两个簇是聚类算法生成的结果。这两个簇之间的距离比较大，如果采用桥接攻击策略，需要添加较多的桥接数据点，为此，可以采用扩展攻击。假设以 A 为攻击对象，那么攻击者可以找到 A 中的边缘数据点，然后在其周围添加攻击点，如 p_1 和 p_2 两个点。

图 11-4　扩展攻击

与桥接攻击类似，衡量是否攻击成功的标准是攻击性能，如 11.2.5 节所提到的，可以是攻击前后数据点的归属簇变化、聚类有效性指标、最优聚类簇数是否改变等，但应选择一个对实际数据和聚类算法敏感的评价指标。

11.4　天池 AI 上的聚类攻击实现

11.4.1　桥接攻击

这里以 K-means 聚类算法的攻击为例，攻击方法是桥接算法，只在距离最近的两个簇之间进行桥接。用 sklearn 的 make_blobs 方法生成样本数据，模拟数据共 50 个样本，每个样本有 2 个特征，共有 3 个簇。

```
from sklearn.datasets import make_blobs
import matplotlib.pyplot as plt
import numpy as np
markers = ['+','*','.','o','<','>','1','p','d']
n_samples = 50
X , y= make_blobs(n_samples = n_samples,        # 样本个数
                  n_features = 2,               # 每个样本 2 个特征
```

```
                   centers = 3,            # 中心个数
                   random_state = 1,       # 控制随机性
                   cluster_std = [3.0,1.4,5.0]
                   )
```

对生成的数据集使用 K-means 方法进行聚类,指定簇的个数为 3。

```
n_clusters = 3
cluster = KMeans(n_clusters = n_clusters, random_state = 1).fit(X)
centroid = cluster.cluster_centers_ #查看质心
inertia = cluster.inertia_
y_pred = cluster.labels_
```

数据集的聚类结果如图 11-5 所示,三个簇分别用三种不同的图符表示。

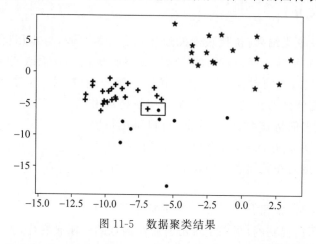

图 11-5　数据聚类结果

对于给定的数据集,对 K-means 算法进行攻击时,首先生成聚类结果。挑选距离最近的两个簇,如果它们之间的距离小于一定阈值,则可以对这两个簇执行桥接攻击。在具体实现时,这里在两簇距离最近的两个点 p、q 的 $1/2$ 处添加桥接点 $p' = (p+q)/2$。对于该例子,被选择的两个点位于图 11-5 的小矩形框内。

以下是桥接攻击的函数。

```
def bridge(xq = 0, yq = 0, xp = 0, yp = 0, flag = 0):
    minl = 10000000
    if flag == 0:
        for m in range(len(X[y_pred == min_i])):
            for n in range(len(X[y_pred == min_j])):
                l = np.sqrt(np.sum(np.square(X[y_pred == \
                    min_i][m] - X[y_pred == min_j][n])))
                if minl > l:
                    minl = l#选出最短距离
                    xp = X[y_pred == min_i, 0][m]      #p点横坐标
                    yp = X[y_pred == min_i, 1][m]      #p点纵坐标
```

```
                     xq = X[y_pred == min_j, 0][n]     #q点横坐标
                     yq = X[y_pred == min_j, 1][n]     #q点纵坐标
        xpp = (xp + xq)/2
        ypp = (yp + yq)/2
        flag = 1
return xp,yp,xq,yq,xpp,ypp,flag
```

把生成的桥接点加入原始数据集,从而构造出带毒的数据集。为了检验和可视化攻击效果,接下来可以利用 mathplot 进行展示,如图 11-6 所示。图中的小矩形框内表明,在被选中的两个最近点之间加入了两个样本。通过聚类结果可以发现,相比于原始数据集的聚类结果(如图 11-5 所示),数据点的归属簇已经发生变化,桥接攻击达到了最终目的。

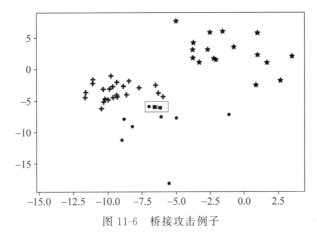

图 11-6　桥接攻击例子

11.4.2　扩展攻击

这里仍以模拟数据集的 K-means 聚类攻击为例,介绍扩展攻击。

```
#生成模拟数据
from sklearn.cluster import KMeans
from sklearn.metrics import davies_bouldin_score,calinski_harabasz_score
from sklearn.datasets import make_blobs
import matplotlib.pyplot as plt
import numpy as np
markers = ['+','*','.','o','<','>','1','p','d']
n_samples = 50
X , y = make_blobs(n_samples = n_samples,      # 样本个数
                   n_features = 2,             # 每个样本 2 个特征
                   centers = 3,                # 中心个数
                   random_state = 1,           #控制随机性
                   cluster_std = [3.0,1.4,5.0]
                   )
```

假设攻击者不知道簇的个数,使用 DB 指数(Davies-Bouldin Index)来计算最优簇数,DB 越小意味着类内距离越小同时类间距离越大。

```
def DB(k, Z):
    model = KMeans(n_clusters = k, random_state = 1).fit(Z)
    labels = model.labels_
    score = davies_bouldin_score(Z, labels)
    return score

def best_clusters(Z):
    db = []
    k = 0
    for i in range(2, 8, 1):
        db.append(DB(i, Z))
    best = db.index(min(db)) + 2
    return best

n_clusters = best_clusters(X)
cluster = KMeans(n_clusters = n_clusters, random_state = 1).fit(X)
y_pred = cluster.labels_
```

该数据集的聚类结果如图 11-7 所示,其中靠近横轴的点将被作为拓展攻击。

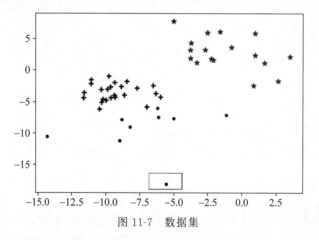

图 11-7　数据集

扩展攻击方法代码示例如下:

```
def extend(xp = 0, yp = 0, xq = 0, yq = 0, xpp = 0, ypp = 0, flag = 0, du = 3):
    minl = 10000000000
    maxl = -1
    if flag == 0:
        #在 Ci 中找到距离 Cj 最近的点 p(xp, yp)
        for m in range(len(X[y_pred == min_i])):
            l = 0
            for n in range(len(X[y_pred == min_j])):
                l = l + np.sqrt(np.sum(np.square(X[y_pred == \
```

```
                        min_i][m] - X[y_pred == min_j][n])))
            if minl > l:
                minl = l                          #选出最近距离
                xp = X[y_pred == min_i, 0][m]      #p点横坐标
                yp = X[y_pred == min_i, 1][m]      #p点纵坐标
                k = m
    #在 Cj 中找到距离点 p 最远的点 q
    l = 0
    for n in range(len(X[y_pred == min_j])):
        l = np.sqrt(np.sum(np.square(X[y_pred == min_i][k] - \
            X[y_pred == min_j][n])))

        if maxl < l:
            maxl = l                          #选出最远距离
            xq = X[y_pred == min_j, 0][n]      #q点横坐标
            yq = X[y_pred == min_j, 1][n]      #q点纵坐标
            t = n
    xpp = ((du + 1) * xq - xp)/du
    ypp = ((du + 1) * yq - yp)/du
    flag = 1
    return xp, yp, xq, yq, xpp, ypp, flag, du
```

如图 11-8 所示,扩展攻击中添加 6 个数据点后,原始数据集的聚类结果发生变化,产生最佳簇数为 3 的聚类结果。对比图 11-7,聚类结果已经发生了很大变化。

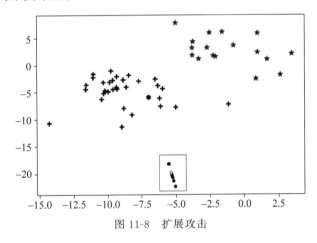

图 11-8 扩展攻击

参考文献

[1] Chhabra A,Roy A,Mohapatra P. Suspicion-free adversarial attacks on clustering algorithms[C]. AAAI,2020.

[2] Skillicorn D B. Adversarial knowledge discovery[J]. IEEE Intelligent Systems,2009,24(6):54.

[3] Dutrisac J,Skillicorn D B. Hiding clusters in adversarial settings[C]. 2008 IEEE International Conference on Intelligence and Security Informatics,2008:185-187.

[4] Biggio B,Pillai I,Rota B S,et al. Is data clustering in adversarial settings secure? [C]. Proceedings

of the 2013 ACM workshop on Artificial intelligence and security. 2013: 87-98.

[5] Biggio B,Bulo S R,Pillai I,et al. Poisoning complete-linkage hierarchical clustering[C]. Joint IAPR International Workshops on Statistical Techniques in Pattern Recognition (SPR) and Structural and Syntactic Pattern Recognition (SSPR),2014: 42-52.

[6] Crussell J,Keglmeyer P. Attacking dbscan for fun and profit[C]. Proceedings of the 2015 SIAM International Conference on Data Mining,2015: 235-243.

[7] Biggio B,Pillai I,Bulo S R,et al. Is data clustering in adversarial settings Secure[C]. AISec,2013.

第 **12** 章

对抗攻击的防御方法

　　防御与攻击是网络空间安全的两大主题,对于人工智能模型来说,目前研究的侧重点仍在于攻击,研究攻击也是为了更好地防御。人工智能模型的各种防御方法可以归结到数据层、算法层和模型层三个层面上。

12.1　防御技术概况

　　检测、响应和防御是网络信息安全模型的三个基本步骤,防御技术构建在安全行为检测与响应的基础上,对目标系统进行安全增强、安全加固,以防止今后类似安全行为的发生。这里的安全增强、安全加固等防御性技术本身需要一定的方法学指导,才能构建一套完善的安全防御体系。

　　从方法学上看,安全防御技术有主动防御和被动防御之分。主动防御是在攻击行为发生之前,进行及时预警和阻断,消除其可能给目标系统带来的安全影响。如蜜罐技术主动捕获入侵者的行为,就属于主动防御。被动防御则是当攻击行为发生之后,对其进行分析、取证、阻断。如入侵检测、防火墙技术等,只有当入侵行为发生之后才能获得其行为特征,并进一步用于安全分析,属于被动防御,由于检测、识别和预警技术不完善,早期的网络信息安全大都采用被动防御,而随着大数据技术、人工智能技术的发展,主动防御已发展成为一种重要的防御方法。

　　对于人工智能安全而言,也可以从主动防御、被动防御的角度来分析和增强模型的安全性。另一方面,由于人工智能模型都会涉及数据、模型和算法三个要素,因此在研究其防御方法时,也可以从这三个要素来提升其安全性。如图 12-1 所示,是人工智能安全防御的两个视角、三个层次,在模型层、算法层和数据层都有相应的主动防御和被动防御方法。

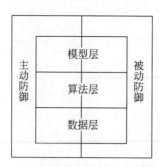

图 12-1　人工智能安全防御的两个视角、三个层次

在人工智能安全中,主动防御和被动防御各有优点。主动防御在攻击发生之前,先有针对性地进行安全增强,防御能力较好;而被动防御在攻击发生之后,有利于更精准地进行针对性防御。因此,这两种方法在人工智能安全中都有用武之地。

针对对抗攻击,可以在数据层、算法层和模型层上实施防御措施,但需要综合考虑防御能力、防御成本等因素。

数据层的防御,针对攻击者在数据层上的攻击方法。主要的攻击方法有训练数据投毒、训练数据存在偏见、测试数据的逃避特征等。攻击结果在数据层表现出噪声、数据分布变化、数据特征的非平衡以及数据特征的不合理性等。而针对这些特征效果可以利用现有的数据处理方法解决,因此,数据层的防御也就是使用各种数据处理方法,如非平衡数据处理、噪声数据处理、异常数据检测等。

算法层的防御,是针对模型训练方法而言。模型训练时,影响其安全防御能力的因素主要有损失函数、训练方法等。对于给定的模型,如何选择这些变量,需要做针对性的设计。目前比较常用的损失函数已经有很多种,训练方法有多任务学习、对抗训练等,不同的损失函数和训练方法会产生不同安全防御能力的模型。

模型层的防御是针对模型参数、模型结构而进行改进,目的是提升模型对数据的泛化能力、对扰动的抵抗能力、对模型敏感信息推理的抵抗能力。典型的策略包括参数正则化、蒸馏网络、隐私保护模型学习以及针对特定模型的防御方法,如隐藏后门的模型。

12.2　数据层的防御

由于攻击行为最先是从数据进行的,因此在数据层上进行防御是最直接的方法。根据数据攻击的特点,相应的防御方法有以下几种。

1. 噪声处理

部分投毒样本表现出一定的噪声特征,即样本与大多数近邻样本类别标签不一致。因此,运用噪声检测方法,并进行清洗去除,有利于确保用于训练模型的数据是干净的。在第 3 章系统地介绍了噪声数据识别和处理方法,可以用于训练数据集的预处理。

2. 数据增强

使用尽可能多的数据训练模型,可以提升模型的泛化能力。增大训练样本数量,提升正常样本的分布特征;只要正常样本数量远大于带毒样本,就可以在一定程度上降低投毒数据对模型的影响。数据增强一方面是通过对输入空间的正则化来实现,具体方法在第 4 章针对小样本学习中已经介绍过;另一方面,通过扩充训练数据集来实现,可以参考小样本学习中的数据增强方法。

3. 特征压缩

在同等数据量的情况下,降低数据表示的特征空间,对数据进行"压缩",使得所保留的特征在区分样本类别上获得最好的性能,这也是数据增强的一种途径。在图像领域,已经有利用颜色位缩减来降低输入图像维数的防御方法。

4. 数据特征的平衡化

决策偏见是人工智能安全的一个主要问题,其产生的原因有多方面,其中一方面的原因是训练数据特征存在非平衡现象。例如,在人员招聘中,训练数据的特征有性别、年龄、职业、工作经历等,标签是录用或不录用,如果录用的人员中,性别为男的记录数远大于性别为女的记录数,那么训练出来的模型会存在性别偏见。虽然非平衡数据处理是针对类别标签分布不均匀的问题,但是对于解决样本特征不平衡仍有借鉴价值。具体可以参考第 2 章的非平衡数据处理。

5. 异常检测

数据中的异常检测在许多领域都有应用需求,例如入侵检测、金融欺诈检测等,而在对抗攻击中,带毒样本在训练数据中也可能表现出异常点的特征。这种异常特征与噪声有类似的地方,但异常更多会表现在统计特征上,如方差过大等。因此,异常检测中的算法可以用来防御对数据层的攻击。

目前几乎所有的防御都只对部分攻击有效,无法进行普适有效的防御,防御技术有待进一步发展。

12.3 模型层

在模型层进行防御的主要思路是寻找各种降低模型复杂度的方法,提高模型的泛化能力,避免对攻击样本训练而产生的过拟合。模型的复杂度体现在参数个数、参数值、神经元个数、网络结构等多个不同层面,相应地,目前模型层防御主要的方法有模型正则化以及针对特定神经网络的蒸馏等。

12.3.1 正则化

正则化既可以在数据层进行,也可以在模型层进行。模型正则化的主要思路是从模型参数和神经元的角度来降低模型的复杂度,使用尽量简单的模型有利于提升模型泛化能力,降低细微改动对模型输出的影响,提高模型对对抗攻击的鲁棒性。

模型的正则化方法有参数正则化和丢弃(dropout)。

1. 参数正则化

简单的模型就意味着模型参数少,对于一个给定结构的模型,其目标如下:①令尽量多的参数为零值,使参数失效;②使各个非零值的参数值尽量小,降低数据的变化对模型输出的影响。

为了达到这两个目标,参数正则化的方法就是在损失函数中加入了复杂度惩罚项,也就是正则化项,正则化项一般就是与模型复杂度相关的因式,属于一种先验知识。这样一般的损失函数表示如下:

$$J(\theta) = f(\theta) + \lambda N_l \tag{12-1}$$

其中,$f(\theta)$是数值计算本身的优化目标;N_l是正则化项,通过λ来调节正则化的影响。

通过损失函数的最小化,就能达到模型复杂度最小化的目的,同时保证充分学习输入数据,防止模型过拟合。目前常用的正则化项是范数,一般化表示如下:

$$N_l(\boldsymbol{x}) = \left(\sum_{i=1}^{n} |x_i|^l\right)^{\frac{1}{l}} \tag{12-2}$$

其中,l是大于或等于1的实数;$\boldsymbol{x}$是模型参数向量,即由模型参数构成的向量表示。

当$l=1$时,N_l是L1范数,其表示某个向量中所有元素绝对值的和;当$l=2$时,N_l是L2范数,也就是欧几里得距离公式。为了使$J(\theta)$最小化,L1会使很多x_i为0,起到类似dropout和特征选择的功能。对于L2正则化,因为有平方的存在,当参数很小时,这个参数基本就被忽略了,并不会被进一步调整为0。L2正则化的公式可导,因此在优化时其计算过程比L1正则化简洁。

2. 丢弃

这种正则化是针对神经网络的,在现有神经网络结构中,一般在全连接层使用dropout,但实际上网络中的每一层都可以加入dropout层。dropout作为一个提升神经网络模型泛化能力的手段,使用也越来越普遍。与参数正则化不同,dropout采取丢弃的策略,从而减少模型参数的个数来降低模型的复杂度,而不是改变参数的值。因此,神经网络模型的dropout策略比较简单,即在训练期间随机丢弃一定百分比数量的神经元及其连接。

由于神经元代表了一个学习到的特征及权重,当模型结构复杂而训练数据少时,各神经元表示的特征相互之间存在许多重复和冗余。因此,采用dropout策略,减少中间特征的数量,从而减少神经元之间连接的冗余,增加每层各个特征之间的正交性,由此提高模型的泛化能力。

在实际中运用dropout策略时,所要丢弃的百分比是一个超参数,具体选择多少对防御效果会有一定影响。然而并没有一个好的方法来推导该参数值,实际中可以在0~1选择不同的丢弃率进行训练和验证,检查在训练集和验证集上的分类性能(如F1、Accuracy

等），然后按照如下两个规则调整。

（1）如果在训练集上性能很好，而在验证集上的性能很差，可以判断为存在过拟合的情况，这时可以再增加 dropout 的百分比。

（2）如果训练集和验证集的性能都比较差，但两者相差很小，可以判断为存在欠拟合，就需要减小 dropout 的百分比了。

12.3.2　蒸馏网络

当模型遭遇到对抗攻击时，一种简单直接的应对办法是改变网络结构，重新训练新的模型。显然这样改变了攻击者所拥有的知识，必然有利于进行有效防御。但是如前所述，防御既要考虑防御效果也要考虑成本，特别是采用深度学习模型时，重新训练复杂的网络结构需要耗费大量的计算资源、人力资源和计算时间。因此，把复杂大模型转化为若干小模型，对于实现灵活的重训练防御策略也是很有帮助的。

蒸馏网络是 2014 年由 G. E. Hinton 提出来的一个概念，用于解决复杂神经网络在实际应用中部署的问题。蒸馏网络并不是一种网络结构，而是一种降低深度神经网络结构复杂性的方法。其结果是把复杂深度神经网络转换为若干简单的小网络，便于在实际应用中实现轻量级部署。

那么蒸馏网络是如何把复杂大模型转化为若干小模型呢？基本的思路是将复杂大模型学习到的知识作为先验，把这些知识作为简单小网络的输入，并进行训练得到小模型。

首先，用一个复杂大模型（在 Hinton 的论文中称为教师模型）对输入数据进行训练，此类网络的最后一层往往使用 softmax 来产生概率分布，该分布代表了训练样本的软标签（soft label）。例如，在手写数字识别中，"7"有 80％的可能被识别为 7，有 20％的可能被识别为 1。

然后，利用输出的概率分布和样本真实的标签，即 0-1 编码的硬标签（hard label），来训练小模型。

复杂神经网络模型转化之所以称为蒸馏（distill），是因为在 softmax 中加入了一个代表温度的参数 T。提高温度 T 值，有利于把关键的分布信息从原始的数据中分离出来。之后在训练小模型时，在同样的温度 T 下融合蒸馏出来的数据分布。

12.4　算法层的防御

模型由模型参数和一套计算规则组成。算法层位于数据层和模型层之间，是指模型的学习方法。相应的防御方法包括对抗训练、防御蒸馏和算法鲁棒性增强。

12.4.1　对抗训练

对抗训练是目前应用较广的防御方法，属于主动防御。

对抗训练也称为对抗正则化，是指用对抗样本和合法样本组成的数据集对模型进行训练，以期提升模型鲁棒性。第 8 章提到的对抗样本生成方法包括 FGSM、PGD、BIM 等，都可以用来生成对抗样本。

在训练时加入对抗样本,是一种"以毒攻毒"的防御方法,对抗训练目的在于把对抗样本和正确的标签关联起来,使模型能够学习到对抗样本对应的真实标签。这样,在测试阶段出现与对抗样本相似的样本时,就不容易输出错误的标签。可以预期,当训练时加入越多的对抗样本,最终的模型就越能抵御对抗样本攻击。

对抗训练方法目前仍在不断发展中,目前一些常见对抗训练方法介绍如下。

1. 增量训练

先用干净数据训练得到一个基本模型,然后采用白盒攻击法,基于该模型和数据集生成对抗样本,把对抗样本输入模型做增量训练。由此,对抗训练得到的模型在当前训练数据集上的损失最小,能适应测试阶段对抗样本的扰动。

2. 延时对抗训练(delaying adversarial training)

对于迭代式训练的模型,前 N 轮只用干净数据进行训练,后续再采用干净样本和对抗样本共同训练,能够在一定程度上降低对抗样本攻击的成功率。

3. 对抗样本归类

假设训练集有 n 个类别,利用原始训练集训练 DNN1,使用 DNN1 和白盒法生成 n 个类别的对抗样本。然后将生成的对抗样本归为一个新的类别,添加到训练集中,从而形成 $n+1$ 个类别的训练数据集,用这 $n+1$ 类数据集重新训练更新得到 DNN2。反复进行以上过程,就能得到一个足够鲁棒的 DNN 分类模型。

对抗训练相当于提供了一次正则化,但比单纯使用传统的正则化策略如 dropout 等要好一些。但对抗训练对于模型鲁棒性的提升作用也是有限的,简单的对抗训练只对普适扰动(universal perturbation)产生一定的防御能力。针对图像数据的对抗训练发现,对抗训练得到的模型的防御能力与攻击算法紧密相关,无法防御其他攻击算法生成的图像。

12.4.2 防御蒸馏

N. Papernot 从蒸馏网络中得到启发,提出了防御蒸馏(defensive distillation),将大的原始网络知识迁移提取到结构简单的网络,从而降低模型对扰动的敏感度。

蒸馏防御技术是一种针对 DNN 的对抗样本的主动防御方法。这个对策的灵感来自学习模型间知识转移的特性,蒸馏是通过一个模型的输出训练另一个模型的机器学习训练方法,是在保证训练精度的条件下压缩模型的方法。

防御蒸馏使用蒸馏技术增强神经网络的鲁棒性,但与神经网络的蒸馏技术差别主要在于两方面:①教师模型和蒸馏模型在规模上是一致的,防御蒸馏不产生小规模模型;②防御蒸馏使用更大的蒸馏温度 T,以强制蒸馏模型在预测时具有更强的可信度。

防御蒸馏在正常训练模型的损失函数 softmax 中引入了温度常数 T,训练过程中增加温度常数 T 会使得模型产生标签分布更加均匀的预测输出。当温度系数接近无穷大时 softmax(x)接近均匀分布。

在训练过程中引入防御蒸馏,总共分三步进行。

（1）将 softmax 的温度常数设置为 T，以常规方法用硬标签在训练集上训练出教师模型。

（2）利用教师模型预测训练集得到对应的软标签。

（3）将 softmax 的温度常数设置为 T，用软标签代替硬标签在训练集上训练出学生模型（与教师模型的结构相同），在测试过程中对于测试集中的输入数据使用学生模型的输出进行预测。

12.4.3 算法鲁棒性增强

算法鲁棒性增强的目标在于提高算法鲁棒性，而这种鲁棒性是相对于多种攻击手段而言的，例如针对数据层面的添加噪声、针对低鲁棒性的损失函数等。因此，算法鲁棒性增强可以使用现有的方法。增加算法鲁棒性防御能力的方法常见的有 Bagging、随机子空间法（Random Subspace Method，RSM）等。其中 Bagging 是一种集成学习方法，对于噪声的敏感度低。

RSM 实际上也是一种集成学习，源于 Bagging，但有所区别。RSM 又称为属性 Bagging，如名称所言，随机子空间是随机使用部分特征，而不是像 Bagging 使用所有的特征来训练每个分类器。通过这种方法可以进一步降低每个分类器之间的相关性。

第五部分
人工智能平台的安全与工具

第**13**章

机器学习平台的安全

目前已经有多个机器学习开源平台,如 TensorFlow、PyTorch 等,它们支持快速的模型开发和训练,还支持多种硬件结构和灵活的部署方式,极大地方便了机器学习模型的开发测试。但是,这些平台在使用时存在一定的安全问题,一是自身存在漏洞,二是模型的潜在风险。

13.1 机器学习平台漏洞

这些开源机器学习平台功能强大,支持复杂神经网络分布式学习,可部署于各类服务器、PC 终端和网页,并支持 GPU 和 TPU 高性能数值计算。这些计算框架的实现一般都很复杂,代码和模块众多,依赖于许多第三方软件,如图像处理、视频处理和科学计算库等。复杂的结构、庞大的代码量以及独立的第三方库,使得 TensorFlow 等机器学习框架存在很大安全隐患,并且容易被人们忽视。

13.1.1 机器学习平台自身的漏洞

根据国家信息安全漏洞库(http://www.cnnvd.org.cn/),2019 年至 2021 年 9 月 30 日,TensorFlow 漏洞总数为 206 个。这些漏洞属于 5 种类型,即缓冲区错误、输入验证错误、代码问题、数字错误以及其他。2019—2021 年漏洞数目的变化趋势如图 13-1 所示,可以看出 TensorFlow 漏洞总数逐年快速增多。此外,漏洞库已经对入库的漏洞进行了风险评级,共分为 4 个等级。TensorFlow 所涉及的漏洞中,风险等级为中危和高危的漏洞所占比例相当,都接近 50%。

13.1.2 依赖库漏洞

复杂的机器学习框架都比较依赖于其他第三方包,例如 numpy 包就是其中一个很重

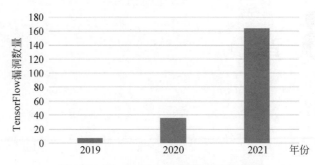

图 13-1　TensorFlow 漏洞数量变化趋势

要的第三方包,其他的还有 OpenCV、protobuf 等。据统计,TensorFlow、Caffe 和 PyTorch 都有 100 个左右依赖库。这些包本身也会存在一些漏洞,因此其安全风险也间接影响到基于机器学习框架而构建的用户应用程序。

第三方包位于整个机器学习应用的底层,为上层提供一些基础运算,因此其安全风险大多为传统的安全漏洞,如缓冲区溢出、堆溢出、指针问题等。例如,numpy 中存在一个 pad() 函数,在接收到不符合正常格式的数据时会使得 while 循环无法正常退出,最终造成拒绝服务攻击。此外,double free、segment fault 等类型漏洞,使得攻击者可以通过构造恶意输入并在用户本地执行任意代码,从而对用户本地产生极大的安全风险。

在 OpenCV 包中,也存在多个可能造成内存越界的漏洞。在国家信息安全漏洞库中也显示了 2019 年至今 OpenCV 所涉及的包括缓冲区溢出、操作系统命令注入、代码问题和数字漏洞,其中缓冲区溢出占大部分。

这些漏洞一方面可能使得攻击者可以通过改写内存来改变输入数据,最终对上层的学习算法造成影响。由于攻击者在这种情况下可以修改任意数据,因此使得投毒攻击除了直接修改原始数据集外,又增加了一种新的途径。另一方面,也可能使得攻击者直接获取修改控制流的能力,从而造成模型逻辑出现异常,达不到预期效果。

13.2　TensorFlow 的模型安全

TensorFlow 显著的优势在于,机器学习模型与 TensorFlow 可以分离。我们可以直接使用他人设计好的模型,将它引入自己的应用中,实现人工智能应用。但是,这种外部模型是否存在安全风险、如何进行检验,这些都是在 TensorFlow 平台上使用外部模型所需要考虑的重要问题。

13.2.1　TensorFlow 的模型机制与使用

TensorFlow 是在 Google 公司 2011 年开发的第一代分布式神经网络学习系统 DistBelief 的基础上改进而来的。模型与参数分离的机制来自 DistBelief 的参数服务器 (parameter server)架构。如图 13-2 所示,模型训练中计算密集的任务被分配到 worker 节点上执行,它们的计算结果 Δw 统一发送到服务器(server),每个 worker 都需要获得目标机器学习模型的一个复本。在 TensorFlow 中,模型以特定的格式存储在.pb 类型的文件中。

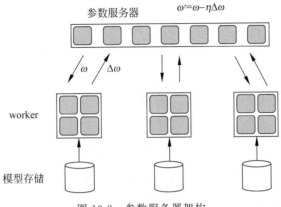

图 13-2　参数服务器架构

TensorFlow 的模型可以用一张图来可视化，即数据流图（dataflow graph）。数据流图中的每个节点代表一个操作和计算，每条边则代表节点的输入和输出，数据在这些边上流动。

TensorFlow 使用广泛，已经形成了开放的模型接口标准。不但各个行业的应用都可以在该框架中进行模型训练，而且也可以在框架中使用其他人训练好的模型，并在此基础上进行微调或直接调用。下面介绍 TensorFlow 模型的保存和加载过程。

1. TensorFlow 中保存模型

TensorFlow 提供了两种模型持久化机制，允许开发人员保存模型到指定目录和文件中。这两种机制分别是 tf. train. Saver 和 tf. saved_model。

1）使用 tf. train. Saver 保存模型

TensorFlow 提供了 tf. train. Saver 类来保存模型，可以指定保存的目录、模型名称、每隔多少次迭代保存一次模型等参数。

首先创建一个 Saver 的对象：

```
saver = tf.train.Saver()
```

由于 TensorFlow 变量存在于 session 内，因此必须在 session 内保存，即通过调用 saver 对象的 save 方法实现。创建 saver 对象时如果没有指定参数，默认保存所有变量。

```
saver.save(sess, r".\model\mymodel", global_step = epoch)
```

其中，sess 就是 session 对象，第二个参数是模型的路径和模型的名称，global_step 表示迭代多少次就保存模型。那么当程序运行后，就会在指定的目录中保存模型的相关文件，如图 13-3 所示，设定为每隔 100 次保存模型时，saver 所生成的文件。

在这些文件中，meta 文件保存的是模型网络图结构，即图中所有的变量、操作、集合等。checkpoint 是文本文件，它保存了最新的 checkpoint 文件以及其他 checkpoint 文件

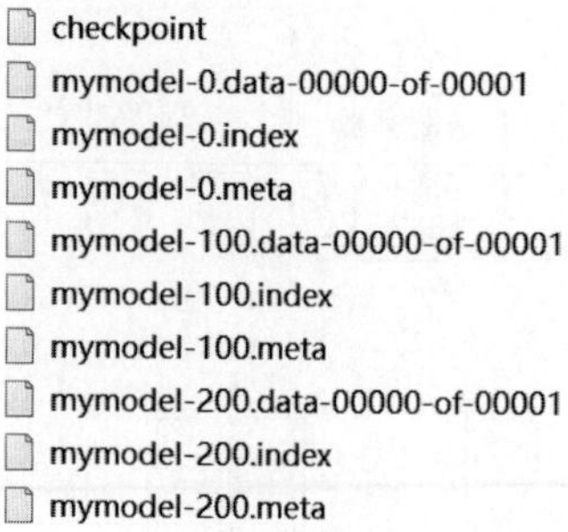

checkpoint
mymodel-0.data-00000-of-00001
mymodel-0.index
mymodel-0.meta
mymodel-100.data-00000-of-00001
mymodel-100.index
mymodel-100.meta
mymodel-200.data-00000-of-00001
mymodel-200.index
mymodel-200.meta

图 13-3 模型的相关文件

列表。index 和 data 文件是二进制文件，保存了模型的所有权值、偏置和梯度等变量的值。而在 TensorFlow 0.11 之前，这些数据保存在 ckpt 文件中。

2）使用 tf. saved_model 保存模型

这是另一种常见的模型保存方式，首先构造 SavedModelBuilder 对象，指定保存模型的目录名。然后使用 add_meta_graph_and_variables 方法导入计算图的信息以及变量，包含两个参数，即当前的 session 和变量列表。最后是 save 的调用。

```
builder = tf.saved_model.builder.SavedModelBuilder(r'.\model2\mymodel')
builder.add_meta_graph_and_variables(sess,["weight","biases"])
builder.save()
```

保存完成之后，在模型目录下生成一个 pb 文件和 variables 子目录，在该子目录中生成 variables 的两个文件，如图 13-4 所示。其中，variables 保存所有变量，saved_model. pb 保存模型结构等信息。

variables
saved_model.pb
variables.data-00000-of-00001
variables.index

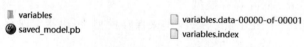

图 13-4 模型目录中的文件和子目录

2. 第三方预训练模型

目前，也有很多网站提供了一些 TensorFlow 的预训练模型。TensorFlow 网站（https://github.com/tensorflow/models/tree/master/research/slim）也提供了很多预训练模型，部分模型如图 13-5 所示。图中，Code 对应程序源码，Checkpoint 对应预训练模型。

3. TensorFlow 中读入模型

可以在本地使用导入模型，包括自己训练的模型和第三方训练好的模型。对于 tf. train. Saver 保存模型，主要有两个步骤，即构造网络图和加载参数。可以通过 f. train. import_meta_graph 来加载 meta 文件，然后就可以通过 graph. get_tensor_by_name()等来获取模型参数了。下面函数展示的是第一个步骤，把用 saver. save 保存的模型加载到内存。

Model	TF-Slim File	Checkpoint	Top-1 Accuracy	Top-5 Accuracy
Inception V1	Code	inception_v1_2016_08_28.tar.gz	69.8	89.6
Inception V2	Code	inception_v2_2016_08_28.tar.gz	73.9	91.8
Inception V3	Code	inception_v3_2016_08_28.tar.gz	78.0	93.9
Inception V4	Code	inception_v4_2016_09_09.tar.gz	80.2	95.2
Inception-ResNet-v2	Code	inception_resnet_v2_2016_08_30.tar.gz	80.4	95.3
ResNet V1 50	Code	resnet_v1_50_2016_08_28.tar.gz	75.2	92.2
ResNet V1 101	Code	resnet_v1_101_2016_08_28.tar.gz	76.4	92.9
ResNet V1 152	Code	resnet_v1_152_2016_08_28.tar.gz	76.8	93.2
ResNet V2 50^	Code	resnet_v2_50_2017_04_14.tar.gz	75.6	92.8
ResNet V2 101^	Code	resnet_v2_101_2017_04_14.tar.gz	77.0	93.7

图 13-5　TensorFlow 官方网站提供的预训练模型

```
def load_model():
    with tf.Session() as sess:
        ♯ 加载元图和权重
        saver = tf.train.import_meta_graph(r'.\model\mymodel-100.meta')
        saver.restore(sess, tf.train.latest_checkpoint(r".\model"))
```

而对于 tf.saved_model 保存模型,使用 tf.saved_model.loader.load 方法就可以导入模型。示例如下:

```
model_dir = r'.\model2\mymodel'
mymodel = tf.saved_model.loader.load(sess, ["weight","biases"], model_dir)
```

load 的第一个参数是当前的 session,第二个参数是在保存时指定的变量列表,第三个参数是模型保存的目录。

装载完成之后,就可以在 sess 使用模型了。

13.2.2　TensorFlow 的模型风险与攻击

实际应用中的机器学习系统通常规模很大又很复杂,当开发人员从开源社区下载一些预训练好的模型来快速构建自己的机器学习系统时,他们实际得到的除了参数值还有一张已经确定的模型结构图(数据流图),而这张图将在用户的本地被执行,数据流将按照该图设定好的规则流动。从这个角度看,机器学习模型在 TensorFlow 是可执行的程序,而不是静态的不可执行的数据文件。既然是可执行文件,就存在这类文件的一些风险。

模型的风险体现在以下三方面。

1. 恶意的文件操作

TensorFlow 提供的操作涵盖了许多强大的功能,包括文件操作、网络通信、进程管理等。数据流图中的节点允许读写本地文件、通过网络发送或接收数据。它们在执行时都将拥有当前 TensorFlow 进程的权限,当节点带有恶意的文件操作时,就会导致本地文件风险增加。

TensorFlow 的 gfile 提供了很多 API 实现文件操作。

(1) tf.gfile.Copy：复制源文件并创建目标文件，无返回。

(2) tf.gfile.MkDir：创建一个目录。

(3) tf.gfile.Remove：删除文件。

(4) tf.gfile.DeleteRecursively：递归删除所有目录及其文件。

(5) tf.gfile.Glob：查找匹配指定模式的文件。

(6) tf.gfile.MakeDirs：建立父目录及其子目录。

(7) tf.gfile.GFile：打开文件。

也可以通过 tf.read_file，tf.write_file，tf.load_op_library，tf.load_library 等 API 来实现本地文件操作。

2. 带后门的模型

TensorFlow 环境中的模型具有可执行的能力，并且 TensorFlow 对其中的敏感操作没有做任何限制。同时，模型文件的特征容易被误认为只是一个包括模型参数的数据文件，使得模型中的后门植入更加带有隐蔽性和欺骗性。

在 TensorFlow 中，tf.cond 起到条件判断的作用，其基本原型如下：

```
tf.cond(pred, true_fn = None, false_fn = None, name = None)
```

pred 是一个条件判断，当条件成立时执行 true_fn，否则执行 true_false，例如 r = tf.cond(x < y, lambda: tf.add(x, 3), lambda: tf.add(y, 3))。

在保存模型时，假设 x、y 之类的变量的值被保存到 checkpoint 文件中。因此提供该文件的任何人都可以改写其中的数值，使得模型加载后 tf.cond 能执行人们所预期的分支。因此，攻击者可以利用模型数据流图中的 tf.cond 植入后门。

攻击者能够很容易构造数据流图，使得 tf.cond 的一个分支正常完成机器学习算法所需的功能，另一个分支则附带完成一些危险的攻击[1]。这样模型在一般情况下会正常地执行，但是当满足后门条件时，恶意行为将会被触发，并且很容易被利用进行大规模攻击。

当机器学习模型规模很大且很复杂时，人工的方式很难对整个模型进行检查，在没有合适工具进行自动化检测的情况下，模型设计时中植入的后门就很难被开发人员发现。

3. 经过恶意训练的模型

如第 9 章所述，当训练数据被投毒时，训练得到的模型具备定向攻击、非定向攻击的能力。因此如果预训练模型本身经过了恶意训练，攻击者所发布的模型就是一种带毒模型。之后，当攻击者构造恶意的输入数据对模型进行测试，逃避攻击的成功率就增加了，最终影响模型的应用效果。

13.2.3 安全措施

针对模型安全问题，目前可以使用的安全措施主要有利用 TensorBoard 检查模型图、利用 saved_model_cli 检查可疑操作以及利用新的安全框架。下面分别介绍。

1. 利用 TensorBoard

在模型训练中,可以使用以下语句保存模型图。

```
writer = tf.summary.FileWriter(r"c:\tensorBoard\test",sess.graph)
```

之后会在指定目录中生成图形定义文件,就可以使用 TensorBoard 对模型进行可视化,即在控制台执行以下命令。

```
C:\> tensorboard -- logdir = c:\tensorBoard\test
```

然后按照默认方式,在浏览器访问 http://localhost:6006/ 即可看到结果。图 13-6 是一个模型结构图示例,该模型计算 $y = ax + b$ 中 a 和 b 的参数值。计算之前,先构造包含若干 (x, y) 样本的数据集,其中 x 是随机生成的,y 是通过 $y = 0.2x + 0.5$ 计算得到的。可以看到,图结构包含了若干节点、操作和变量定义等。

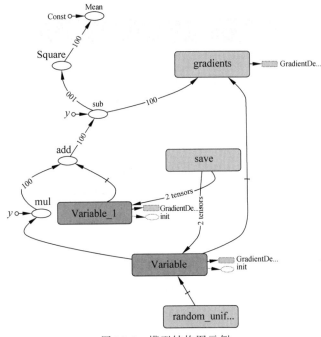

图 13-6 模型结构图示例

这种类型的图可以允许我们比较直观地查看执行流程,检查图中的节点和操作。因此,当从第三方下载的模型中包含 TensorBoard 时,可以通过类似的控制台命令来查看模型图结构。

2. 利用 saved_model_cli

由于 TensorFlow 可能存在模型安全问题,因此官方针对 tf.saved_model 方式存储的模型,设计了一个检查模型的命令行工具 saved_model_cli。该工具在安装

TensorFlow 时就默认安装了。它具有扫描(scan)功能,可以列出模型中的可疑操作,供用户做进一步判断。扫描功能只是基于黑名单的方式来实现,比较简单,并且目前只限于 WriteFile、ReadFile 两类函数操作的检查。

使用方法如下,指定 pb 文件所在的目录。

```
saved_model_cli scan -- dir .\mymodel
```

结果如下:

```
MetaGraph with tag set ['weight', 'biases'] does not contain blacklisted ops.
```

表示没有找到黑名单中的操作。

该命令行还可以检查保存的模型信息。

```
saved_model_cli show -- dir .\mymodel
```

结果如下:

```
The given SavedModel contains the following tag-sets:
'biases, weight'
```

更多使用说明参见相关资料[2]。

不过,这样的安全扫描只能告诉用户当前模型是否有读写文件的操作,并不能灵活应对多种多样的恶意代码注入。另一方面,在机器学习项目中也常常涉及正常训练数据或测试数据的文件读写操作,在大多数情况下是无害的,因此这样的警告反而给用户带来麻烦,导致一些有害信息被用户忽略。

鉴于 TensorFlow 还没有加入能够根据具体的数据流图节点依赖关系判定有害行为的功能,目前模型可信安全问题仍然只能依靠用户自己检测。最好的方法是先在沙盒中运行或测试所有未知来源的不可信模型[1],没有问题后再导入实际应用中。

3. 利用新的安全框架

Kunkel R 等提出的 TensorSCONE[3]是基于 Intel SGX 的 TensorFlow 的通用安全机器学习框架。Intel SGX 通过扩展指令集和维护访问控制策略来提供内存安全区 Enclave,它是一种可信计算技术,将需要保护的程序核心部分在内存安全区中隔离执行,从而保证程序运行的安全性。

参考文献

[1] https://github.com/tensorflow/tensorflow/blob/master/SECURITY.md.

[2] https://www.tensorflow.org/programmers_guide/saved_model_cli.

[3] Kunkel R,Quoc D L,Gregor F,et al. TensorSCONE:A secure TensorFlow framework using Intel SGX[EB/OL].[2021-06-09]. arXiv preprint arXiv:1902.04413.

第 **14** 章

阿里云天池AI学习平台与实验

为了方便读者掌握本书中主要的人工智能安全技术,我们在天池学习平台上基于Python开发了配套的人工智能安全案例,构建了实训实验环境。这些案例包括入侵检测、SQL注入、虚假信息、谣言信息检测的人工智能方法解决网络安全的例子,以及文本对抗攻击、手写数字识别对抗攻击、聚类的对抗攻击等机器学习模型安全的例子。

本章主要介绍该天池 AI 学习平台上使用这些例子的方法,并根据实验结果分析人工智能安全的应用效果。

14.1 阿里云天池 AI 学习平台

在大数据驱动的 AI 时代,AI 算法对算力的需求越来越大,然而复杂的软硬件环境配置与升级让学习者无法专注于 AI 模型算法。天池 AI 学习平台基于阿里云基础设施,具有高可扩展性,能适应不同规模的 AI 计算需求。

在软件环境方面,天池 AI 学习平台还提供基于 Jupyter 的在线交互实验环境,并已经安装配置了大量与 AI 和大数据处理相关的开发包。为了便于对多个项目的代码、数据和文档进行管理,该学习平台提供了在线实验室。对于使用者而言,可以省去很多的部署与升级问题,极大方便了 AI、机器学习等相关课程教学或实验实训的开展。特别地,对于教师而言,还可以进一步利用天池 AI 实训平台进行课件发布、作业发布、回收与批改,为在线教学提供了优秀的环境。同时,实训平台开放 AI 天池经典比赛的实验案例、数据和代码完整教学案例,覆盖电商、交通、金融、工业等多个实际业务场景,为开展实践教学提供了很好的支撑。

本书案例在天池学习平台的网址为 https://tianchi.aliyun.com/course/990,如图14-1 所示。每个案例包含了相关代码和数据集,读者通过浏览器就可以访问和使用。

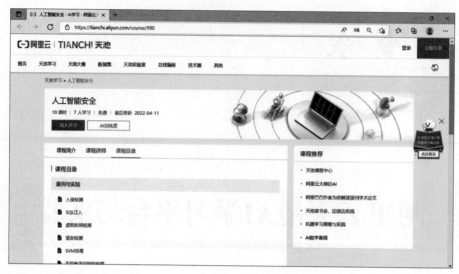

图 14-1 "人工智能安全"实训案例主页

14.2 本书实训案例介绍

实训案例及其与本书各章的对应关系如表 14-1 所示。共有 10 个配套实验,可以在AI 学习平台上运行测试,也可以修改代码进行改进完善。

表 14-1 实训案例

课 时	对应章节	实 训 内 容	数 据 集
第 1 课时	5.1	入侵检测	NSL-KDD
第 2 课时	5.2	SQL 注入	多个网站
第 3 课时	5.3.2	虚假新闻检测	多个新闻网站(英文)
第 4 课时	5.3.3	谣言检测	LIAR
第 5 课时	9.1.3	SVM 投毒	IRIS
第 6 课时	9.1.4	手写数字识别的投毒	MNIST
第 7 课时	9.3.3	手写数字的逃避攻击	MNIST
第 8 课时	9.5.2	文本情感分类的对抗攻击	IMDB
第 9 课时	11.4.1	聚类模型的桥接攻击	模拟生成
第 10 课时	11.4.2	聚类模型的扩展攻击	模拟生成

14.3 配置与使用

14.3.1 Adversarial Robustness Toolbox

对抗攻击的案例是基于 ART(Adversarial Robustness Toolbox)实现的,需要TensorFlow 等其他第三方库。可以在下面的网址访问 ART:

https://adversarial-robustness-toolbox.readthedocs.io/en/latest/

安装方法是：pip install adversarial-robustness-toolbox。

14.3.2　使用方法

这里，以入侵检测为例介绍实验案例的使用方法。

（1）从图14-1右上角进行新用户注册或登录后，单击列表中的"入侵检测"案例。进入如图14-2所示的案例页面，可以在页面中浏览案例的相关说明和Python代码。

图14-2　"入侵检测"案例页面

（2）如果需要在平台上运行或修改其中的代码进行测试，可以单击案例页面中的Fork按钮，复制生成一份新代码，并进入如图14-3所示的Fork案例页面。

图14-3　Fork案例页面

（3）单击 Fork 案例页面的"编辑"按钮，进入 DSW（Data Science Workshop），如图 14-4 所示。如果无法进入或出现异常，请稍后再试。可以看到这是一个 Jupyter 的界面，可以在其中修改案例代码或编写代码、运行测试，使用方法和 Jupyter 一样。

图 14-4　进入 DSW

单击图 14-4 的三角形图符，即可以运行 Python 代码。正常情况下可以看到程序运行结果。

4. 错误处理

在 DSW 中运行案例时，如果出现找不到文件的错误，如图 14-5 提示的 No such file or directory，那么，选择图 14-4 左侧的"天池"选择标签，下载相应的数据源。本例子为 nslkdd，即单击 nslkdd 右边的下载图标，如图 14-6 所示的界面中左边部分。

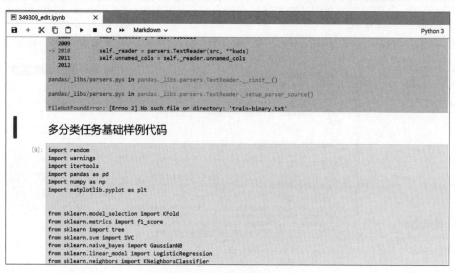

图 14-5　找不到数据文件

图 14-6　下载数据

如果在图 14-6 中没有出现数据源的名称,可以直接输入相应的名称进行搜索,本书各个案例所绑定的数据源名称如下。

(1) 入侵检测:nslkdd。

(2) SQL 注入:SQLinjection。

(3) 虚假新闻检测:FakeNews。

(4) 谣言检测:rumor_data。

(5) 文本(IMDB)情感分类的对抗攻击:IMDB 对抗攻击。

其他案例不需要外部数据源。

从"天池"将数据文件下载到案例工作区后,会发现在 download 文件夹中有所需要的文件,如图 14-7 所示的左边部分。

图 14-7　下载数据文件到工作区

然后再运行程序,可以看到能够正常运行,并输出计算结果,如图 14-8 所示,是 SVM、决策树和逻辑回归分类器的 F1 值。

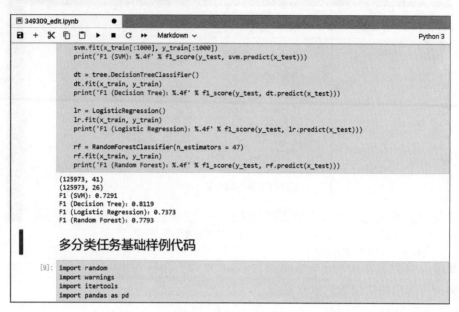

图 14-8　程序运行结果

除了数据源问题之外,经常遇到的问题还有找不到 Python 的第三方包。此时,可以在运行程序之前,先创建一个输入框,执行 pip install 安装所需要的包。图 14-9 是在虚假新闻检测案例中,安装 cufflinks。

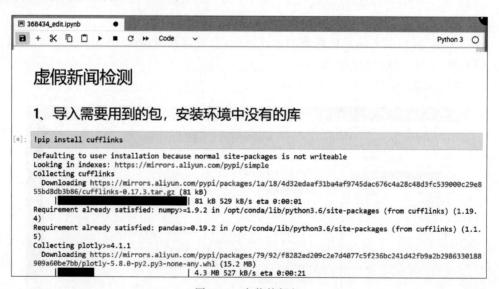

图 14-9　安装外部包

首先在编辑界面上方的小图标栏中,单击"＋",即可创建一个可编辑的输入框,然后在其中输入 pip install cufflinks,再单击三角形图标执行,等待安装完成即可。

实际上，我们也可以使用这种方法进行交互式操作，例如查看程序运行中的输出、变量的值、查看帮助信息等。图 14-10 是在编辑界面中，查看 word2vec 的介绍。

```
[14]: help(word2vec.Word2Vec)

Help on class Word2Vec in module gensim.models.word2vec:

class Word2Vec(gensim.utils.SaveLoad)
 |  Serialize/deserialize objects from disk, by equipping them with the `save()` / `load()` method
s.
 |
 |  Warnings
 |  --------
 |  This uses pickle internally (among other techniques), so objects must not contain unpicklable a
ttributes
 |  such as lambda functions etc.
 |
 |  Method resolution order:
 |      Word2Vec
 |      gensim.utils.SaveLoad
 |      builtins.object
 |
 |  Methods defined here:
 |
 |  __init__(self, sentences=None, corpus_file=None, vector_size=100, alpha=0.025, window=5, min_co
unt=5, max_vocab_size=None, sample=0.001, seed=1, workers=3, min_alpha=0.0001, sg=0, hs=0, negative
=5, ns_exponent=0.75, cbow_mean=1, hashfxn=<built-in function hash>, epochs=5, null_word=0, trim_ru
le=None, sorted_vocab=1, batch_words=10000, compute_loss=False, callbacks=(), comment=None, max_fin
al_vocab=None, shrink_windows=True)
 |      Train, use and evaluate neural networks described in https://code.google.com/p/word2vec/.
```

图 14-10　查看帮助信息

14.4　实验案例的说明

天池 AI 学习平台上所提供的案例代码只是完成了一些基本功能，并没有在算法模型参数上做优化调整。读者可以自行拓展各个案例的功能。

（1）对于入侵检测、SQL 注入等，可以在特征选择、特征工程、各种分类器对分类效果的影响、特征数量、数据非平衡性的影响等方面做进一步探索。

（2）对于投毒、逃避攻击，可以尝试使用不同的攻击方法，调用 ART 的不同函数，观察和对比它们的攻击性能。

（3）对于聚类模型的攻击，可以对更多的聚类算法进行实验。

图书资源支持

感谢您一直以来对清华版图书的支持和爱护。为了配合本书的使用，本书提供配套的资源，有需求的读者请扫描下方的"书圈"微信公众号二维码，在图书专区下载，也可以拨打电话或发送电子邮件咨询。

如果您在使用本书的过程中遇到了什么问题，或者有相关图书出版计划，也请您发邮件告诉我们，以便我们更好地为您服务。

我们的联系方式：

地　　址：北京市海淀区双清路学研大厦 A 座 714

邮　　编：100084

电　　话：010-83470236　010-83470237

客服邮箱：2301891038@qq.com

QQ：2301891038（请写明您的单位和姓名）

资源下载：关注公众号"书圈"下载配套资源。

资源下载、样书申请	图书案例	
书　圈	清华计算机学堂	观看课程直播